RÉPUBLIQUE FRANÇAISE

MINISTÈRE DE L'AGRICULTURE

DIRECTION DE L'ENSEIGNEMENT ET DES SERVICES AGRICOLES

OFFICE DE RENSEIGNEMENTS AGRICOLES

STATISTIQUE AGRICOLE

TABLEAUX RÉTROSPECTIFS

(Extrait de la Statistique agricole annuelle de 1911.)

PARIS
IMPRIMERIE NATIONALE

MDCCCCXIII

MINISTÈRE DE L'AGRICULTURE

DIRECTION DE L'ENSEIGNEMENT ET DES SERVICES AGRICOLES

OFFICE DE RENSEIGNEMENTS AGRICOLES

STATISTIQUE AGRICOLE

TABLEAUX RÉTROSPECTIFS

(Extrait de la Statistique agricole annuelle de 1911.)

PARIS

IMPRIMERIE NATIONALE

MDCCCCXIII

BILAN.

DÉSIGNATION.	1882.	1892.	1911.
	millions de francs.	millions de francs.	millions de francs.
I. Capital foncier. Valeur de la propriété rurale { non bâtie.	–	–	60,000
bâtie.	–	–	5,000
Total partiel.	–	–	65,000
II. Capital d'exploitation. Valeur { des animaux de ferme.	5,775	5,202	5,975
du matériel.	1,895	1,500	1,875
des semences.	536	483	470
du fumier.	838	838	830
Total partiel.	8,544	8,023	9,150
III. Dette hypothécaire.	–	–	4,000
IV. Produit brut de l'exploitation du sol. **1° Production végétale.**			
Céréales { Grains.	4,081	3,354	3,900
Pailles.	1,204	1,313	1,360
Grains alimentaires autres que les céréales.	148	94	150
Pommes de terre.	648	670	1,130
Fourrages annuels, prairies artificielles et racines.	1,291	1,509	1,890
Produits { des prairies naturelles et herbages.	1,036	1,237	2,127
des cultures industrielles.	369	373	248
des vignes.	1,137	905	1,338
de l'horticulture, cultures maraîchères, potagères, etc., cultures arborescentes fruitières, vergers.	1,138	867	1,200
des bois et forêts.	334	289	295
Total partiel.	11,476	10,611	13,138
2° Production animale.			
Animaux français abattus et exportés.	1,174	1,763	2,200
Produits de laiterie.	1,157	1,251	1,500
Laine.	77	48	40
Volailles, lapins, œufs, etc.	319	316	450
Cocons de vers à soie.	41	32	18
Miel et cire.	20	16	20
Travail des animaux de trait.	3,017	2,946	3,200
Fumier.	838	832	830
Total partiel.	7,183	7,204	8,258
Total général.	18,659	17,815	21,396
V. Charges générales de la culture. **1° Charges financières.**			
Impôt foncier.. { principal.	119	103	98
centimes additionnels.	119	139	165
Portes et fenêtres, prestations, etc.	59	60	90
Autres impôts directs.	–	–	55
Impôts indirects, part de la culture.	300	300	345
Loyers de la terre.	2,645	2,368	2,300
Intérêts à 5 p. o/o du capital d'exploitation.	427	400	422
Rémunérations, gages et salaires du personnel agricole (chefs d'exploitation et salaires).	4,150	3,967	5,800
Frais généraux et autres charges non dénommées.	1,470	1,465	1,900
Total partiel.	9,289	8,802	11,175
2° Charges économiques.			
Semences qui, faisant partie du capital d'exploitation, sont reconstituées chaque année.	536	483	470
Le fumier qui, faisant partie du capital d'exploitation, est reconstitué chaque année.	838	832	830
Les pailles, fourrages et grains consommés par les animaux de trait et de rente des exploitations agricoles qu'on ne saurait compter deux fois.	3,850	3,952	4,950
Valeur du travail effectué par les animaux.	3,017	2,946	3,200
Total partiel.	8,241	8,213	9,450
Total général.	17,580	17,015	20,625
Produit net total.	1,198	800	771

PRODUCTION, COMMERCE ET CONSOMMATION DU BLÉ EN FRANCE.

ANNÉES.	SUPER-FICIE CULTIVÉE.	PRODUCTION MOYENNE par HECTARE.	PRODUCTION en QUINTAUX.	PRODUCTION en HECTO-LITRES.	IMPOR-TATIONS (Commerce spécial). GRAINS ET FARINES converties en grains.	EXPOR-TATIONS (Commerce spécial). GRAINS ET FARINES converties en grains.	EXCÉDENTS DES IMPOR-TATIONS sur LES EXPOR-TATIONS de grains.	EXCÉDENTS DES EXPOR-TATIONS sur LES IMPOR-TATIONS de grains.	QUANTITÉ TOTALE représentée par LA PRODUCTION augmentée de l'impor-tation, déduction faite de l'exportation.	PRIX MOYEN du QUINTAL.
	hectares.	hectolitres.			quintaux.	quintaux.	quintaux.	quintaux.	quintaux.	fr. c.
1810	—	—	—	—	—	—	—	—	—	26 81
1811	—	—	—	—	—	—	—	—	—	34 19
1812	—	—	—	—	—	—	—	—	—	42 85
1813	—	—	—	—	—	—	—	—	—	29 63
1814	—	—	—	—	—	—	—	—	—	23 02
1815	4,591,677	8.59	—	39,460,971	—	—	—	—	—	25 86
1816	4,472,260	9.73	32,487,520	43,316,694	412,301	17,197	395,104	—	32,882,624	36 76
1817	4,672,305	10.27	35,988,033	47,984,044	1,596,150	5,898	1,590,252	—	37,578,285	46 96
1818	5,623,262	11.40	39,523,445	52,697,927	1,335,401	26,811	1,308,590	—	40,832,035	32 01
1819	—	—	35,315,447	45,561,471	977,745	32,785	844,960	—	36,160,407	23 92
1820	4,683,788	9.47	33,260,790	44,347,720	496,643	173,543	323,100	—	33,583,890	25 51
MOYENNE QUIN-QUENNALE.	4,809,584	9.72	35,315,047	46,781,571	963,649	71,247	892,402		36,207,449	33 05
1821	4,753,079	12.25	43,664,451	58,219,268	458,066	144,400	313,666	—	43,978,117	23 72
1822	4,797,810	10.60	38,142,530	50,856,707	930	166,496	—	165,566	37,976,964	20 66
1823	4,854,816	12.09	44,007,646	58,676,862	888	157,660	—	156,772	43,850,874	23 36
1824	4,884,232	12.65	46,341,729	61,788,972	923	156,665	—	155,742	46,185,987	21 63
1825	4,854,169	12.57	45,776,382	61,035,177	709,579	590,960	118,619	—	45,895,001	20 99
1826	4,895,088	12.18	44,723,937	59,631,917	806	395,185	—	394,379	44,329,558	21 14
1827	4,902,981	11.58	42,589,458	56,785,944	47,249	198,242	—	150,993	42,438,465	28 28
1828	4,948,130	11.81	44,117,634	58,823,512	878,860	161,968	716,892	—	44,884,526	29 38
1829	5,024,483	12.79	48,215,140	64,285,521	1,298,134	169,360	1,128,774	—	49,342,914	30 00
1830	5,011,704	10.53	39,586,506	52,782,008	1,544,178	102,968	1,441,210	—	41,027,716	30 05
MOYENNE DÉ-CENNALE.	4,892,648	11.91	43,716,441	58,288,583	493,961	224,390	269,571		43,986,012	24 42
1831	5,511,155	11.04	42,322,270	56,429,694	853,740	194,560	659,180	—	42,981,450	29 95
1832	5,159,757	15.52	60,066,762	80,089,016	3,347,359	167,293	3,180,066	—	63,246,828	28 65
1833	5,242,779	12.60	49,554,855	66,073,141	4,742	174,685	—	169,943	49,384,912	21 80
1834	5,302,748	11.60	46,485,919	61,981,226	342	198,118	—	197,776	46,288,143	20 20
1835	5,338,043	13.43	53,773,113	71,697,484	344	205,040	—	204,696	53,568,417	20 16
1836	5,284,807	12.03	47,687,793	63,583,725	165,378	232,918	—	67,540	47,620,253	23 90
1837	5,407,868	12.56	50,936,650	67,915,534	213,849	352,184	—	138,335	50,798,315	24 57
1838	5,460,749	12.41	50,807,678	67,743,571	75,513	487,927	—	412,414	50,395,264	25 83
1839	5,384,288	11.90	38,701,799	64,935,732	883,576	588,371	295,205	—	48,997,004	28 90
1840	5,531,782	14.62	60,660,323	80,880,431	1,630,550	150,819	1,529,731	—	62,190,054	28 40
MOYENNE DÉ-CENNALE.	5,362,398	12.70	51,099,716	68,132,955	722,538	275,192	447,347		51,547,064	25 23
1841	5,562,668	12.76	53,597,762	71,463,683	117,255	640,626	—	523,371	53,074,391	24 95
1842	5,576,110	12.79	53,485,665	71,314,220	421,930	648,875	—	221,945	53,263,720	25 43
1843	5,664,105	13.00	55,237,882	73,650,509	1,518,669	215,506	1,303,163	—	56,541,045	27 40
1844	5,679,337	14.52	61,841,133	82,454,845	1,856,371	282,713	1,573,658	—	63,414,791	25 26
1845	5,743,135	12.53	53,972,460	71,963,280	561,678	327,439	224,239	—	54,206,699	26 44
1846	5,936,908	10.23	45,522,726	60,696,968	3,685,671	183,410	3,502,261	—	49,024,987	31 70
1847	5,979,311	16.32	73,208,355	97,611,140	7,571,613	147,386	7,424,227	—	80,632,582	38 22
1848	5,973,377	14.73	65,995,826	87,994,435	937,543	1,443,672	—	506,129	65,489,697	21 88
1849	5,966,153	15.21	68,071,284	90,761,712	3,377	2,219,783	—	2,216,406	65,854,878	20 20
1850	5,951,384	14.78	65,990,091	87,986,788	632	3,259,415	—	3,258,783	62,731,308	19 12
MOYENNE DÉ-CENNALE.	5,803,249	13.71	59,692,318	79,589,758	1,667,474	936,382	731,092		60,423,409	26 12

PRODUCTION, COMMERCE ET CONSOMMATION DU BLÉ EN FRANCE. (Suite.)

ANNÉES.	SUPERFICIE CULTIVÉE.	PRODUCTION MOYENNE par hectare.	PRODUCTION en QUINTAUX.	PRODUCTION en HECTOLITRES.	IMPORTATIONS (Commerce spécial). GRAINS ET FARINES converties en grains.	EXPORTATIONS (Commerce spécial.) GRAINS ET FARINES converties en grains.	EXCÉDENTS DES IMPORTATIONS sur les exportations de grains.	EXCÉDENTS DES EXPORTATIONS sur les importations de grains.	QUANTITÉ TOTALE représentée par la production augmentée de l'importation, déduction faite de l'exportation.	PRIX MOYEN du quintal.
	hectares.	hectolitres.			quintaux.	quintaux.	quintaux.	quintaux.	quintaux.	fr. c.
1851	5,999,376	14.33	64,489,674	85,986,232	76,908	3,643,017	–	3,556,109	60,923,565	19 04
1852	6,090,049	14.13	64,549,039	86,065,386	200,964	1,769,609	–	1,568,645	62,980,394	23 28
1853	6,210,605	10.26	47,781,778	63,709,038	3,586,243	776,262	2,809,981	–	50,591,759	29 64
1854	6,408,238	15.17	72,895,703	97,194,271	4,177,807	189,079	3,985,728	–	76,884,431	38 31
1855	6,419,330	11.36	54,702,544	72,936,726	2,758,319	144,493	2,613,826	–	57,316,370	38 94
1856	6,468,236	13.19	63,981,714	85,308,953	6,580,044	126,511	6,453,533	–	70,435,247	40 47
1857	6,593,580	16.75	89,819,846	110,426,462	2,913,750	302,369	2,611,381	–	85,431,227	31 50
1858	6,639,688	16.56	82,492,310	109,989,747	1,371,738	4,841,453	–	3,469,715	79,022,595	21 87
1859	6,709,278	13.05	65,659,470	87,545,960	1,050,869	6,132,997	–	5,082,128	60,577,842	22 26
1860	6,711,298	15.13	76,180,219	101,573,625	546,843	3,617,167	–	3,070,324	73,109,895	26 88
MOYENNE DÉCENNALE.	6,404,063	14.06	65,555,229	90,073,640	2,326,347	2,154,295	172,052		67,727,282	29 21
1861	6,754,227	11.12	56,357,215	75,116,287	10,272,314	922,585	9,349,729	–	65,706,944	32 36
1862	6,881,613	14.43	74,469,168	99,292,224	4,716,712	422,315	4,294,397	–	78,763,565	30 50
1863	6,918,768	16.88	87,586,495	116,781,794	1,851,802	622,151	1,229,651	–	88,816,146	25 55
1864	6,880,073	16.15	83,455,513	111,274,018	610,428	1,542,911	–	932,483	82,523,030	23 54
1865	6,904,892	13.84	71,678,707	95,571,609	257,137	3,584,400	–	3,327,163	68,351,544	21 88
1866	6,915,565	12.33	63,848,591	85,131,455	629,049	5,145,769	–	4,516,720	59,331,871	26 33
1867	6,960,425	11.92	62,254,304	83,005,789	6,937,289	430,440	6,506,849	–	68,761,153	34 74
1868	7,062,841	16.53	87,587,250	116,783,000	8,304,934	510,510	7,794,424	–	95,381,674	34 69
1869	7,034,087	15.31	80,956,165	107,941,553	1,387,429	663,772	723,657	–	81,679,822	26 64
1870	–	–	(1)74,243,712	(1)98,988,631	4,242,281	309,512	3,932,769	–	78,176,481	26 70
MOYENNE DÉCENNALE.	6,923,610	14.29	74,243,712	98,988,631	3,920,947	1,415,436	2,505,511		76,749,223	28 29
1871	6,422,833	10.78	51,957,314	69,276,419	10,444,085	115,885	10,328,200	–	62,285,514	34 16
1872	6,937,922	17.41	90,602,594	120,803,459	4,244,495	3,117,902	1,126,593	–	91,729,187	30 58
1873	6,825,948	11.99	61,419,500	81,832,667	5,192,970	2,229,068	2,963,902	–	64,383,402	33 57
1874	6,874,186	19.36	99,847,622	133,130,163	8,204,901	1,710,604	6,494,297	–	106,341,919	32 66
1875	6,946,981	14.48	75,476,146	100,634,861	3,534,908	4,917,240	–	1,382,332	74,093,814	23 54
1876	6,859,458	13.90	71,579,874	95,439,832	5,339,469	2,529,011	2,810,458	–	74,390,332	26 59
1877	6,976,785	14.35	75,109,238	100,145,651	3,488,086	3,881,481	–	393,395	74,715,843	31 09
1878	6,843,085	13.92	71,453,023	95,270,698	13,979,811	615,175	13,364,636	–	84,817,659	29 96
1879	6,941,675	11.43	59,873,815	79,335,866	22,341,326	329,283	22,012,043	–	81,885,858	28 20
1880	6,879,875	14.57	75,504,773	99,471,559	20,400,355	305,815	20,094,540	–	95,599,313	29 96
MOYENNE DÉCENNALE.	6,850,880	14.23	73,282,390	97,542,117	9,717,040	1,975,146	7,741,894		81,024,284	30 03
1881	6,950,114	13.91	75,676,355	96,810,356	13,188,758	324,957	12,863,801	–	88,540,156	28 82
1882	6,907,792	17.70	93,482,716	122,153,524	13,413,632	223,164	13,190,468	–	100,673,184	27 69
1883	6,803,821	15.25	79,261,591	103,753,426	10,733,230	279,078	10,454,152	–	89,715,743	24 83
1884	7,052,221	16.20	88,234,081	114,230,977	11,268,492	192,495	11,075,997	–	99,310,078	23 10
1885	6,956,765	15.79	85,181,197	109,861,862	6,884,072	197,658	6,686,414	–	91,867,611	21 71
1886	6,956,167	15.42	82,857,588	107,287,082	7,458,404	137,706	7,320,698	–	89,678,286	22 84
1887	6,967,466	16.14	87,094,682	112,456,107	9,239,610	78,424	9,161,186	–	96,255,868	23 41
1888	6,978,134	14.15	74,969,693	98,740,728	11,753,740	145,059	11,608,681	–	86,578,374	24 79
1889	7,038,968	15.39	83,230,671	108,319,771	11,854,490	173,576	11,680,914	–	94,911,585	24 00
1890	7,061,739	16.55	89,733,991	116,912,880	11,005,525	128,114	10,877,411	–	100,611,402	24 98
MOYENNE DÉCENNALE.	6,967,315	15.65	83,922,256	109,052,971	10,679,995	188,023	10,491,972		94,414,228	24 61

(1) Évaluation moyenne de la période précédente.

PRODUCTION, COMMERCE ET CONSOMMATION DU BLÉ EN FRANCE. (Suite.)

ANNÉES.	SUPER-FICIE CULTIVÉE.	PRODUCTION MOYENNE par hectare.	PRODUCTION en QUINTAUX.	PRODUCTION en HECTO-LITRES.	IMPOR-TATIONS (Commerce spécial.) GRAINS ET FARINES converties en grains.	EXPOR-TATIONS (Commerce spécial). GRAINS ET FARINES converties en grains.	EXCÉDENTS DES IMPOR-TATIONS sur les expor-tations de grains.	EXCÉDENTS DES EXPOR-TATIONS sur les impor-tations de grains.	QUANTITÉ TOTALE représentée par la production augmentée de l'impor-tation, déduction faite de l'exportation.	PRIX MOYEN du QUINTAL.
	hectares.	hectolitres.			quintaux.	quintaux.	quintaux.	quintaux.	quintaux.	fr. c.
1891	5,759,599	13 41	58,508,807	77,265,828	20,661,872	101,935	20,559,937	–	79,068,744	27 12
1892	6,986,628	15.67	84,567,242	109,537,907	19,450,321	190,753	19,259,568	–	103,826,810	23 59
1893	7,073,050	13.82	75,592,225	97,792,080	10,258,790	298,936	9,959,854	–	85,552,079	21 38
1894	6,991,449	17.52	93,671,456	122,469,207	12,785,175	382,569	12,402,606	–	106,074,062	19 85
1895	7,001,669	17.13	92,423,696	119,967,745	5,001,777	210,169	4,791,608	–	97,215,304	18 62
1896	6,870,352	17.42	92,606,743	119,742,416	1,894,875	268,665	1,626,210	–	94,232,953	19 20
1897	6,583,776	13.19	65,924,096	86,900,088	5,489,361	280,372	5,208,989	–	71,133,085	24 84
1898	6,963,711	18.40	99,312,290	128,096,149	20,090,414	598,471	19,491,943	–	118,804,233	25 47
1899	6,940,210	18.50	99,459,890	128,418,920	1,585,488	310,503	1,274,985	–	100,734,875	19 81
1900	6,864,070	16.71	88,598,900	114,710,880	1,591,793	398,412	1,193,381	–	89,792,281	19 08
MOYENNE DÉCENNALE..	6,802,551	16.24	85,066,534	110,490,122	9,880,986	304,078	9,576,908		94,643,442	21 89
1901	6,793,783	16.12	84,617,540	109,573,810	1,942,038	271,198	1,670,840	–	86,328,380	20 07
1902	6,563,711	17.60	89,240,038	115,530,692	2,875,216	240,403	2,634,813	–	91,874,851	21 45
1903	6,478,728	19.81	98,784,618	128,385,530	5,050,878	177,607	4,873,271	–	103,657,889	22 36
1904	6,528,898	16.13	81,549,339	105,305,575	2,357,951	246,856	2,111,095	–	83,660,434	21 33
1905	6,509,711	18.16	91,128,925	118,212,850	2,005,965	438,027	1,567,938	–	92,696,863	22 86
1906	6,516,758	17.57	89,457,681	114,500,653	3,197,401	461,756	2,735,645	–	92,193,326	22 83
1907	6,577,469	20.20	103,753,000	132,853,578	3,824,255	393,084	3,431,171	–	107,184,171	23 26
1908	6,564,370	17.06	86,188,050	111,979,680	853,006	523,942	329,064	–	86,517,114	22 90
1909	6,596,240	19.03	97,752,200	125,521,900	1,490,800	810,600	680,200	–	98,432,400	23 60
1910	6,554,370	13.85	68,806,100	90,801,300	6,527,400	373,250	6,154,150	–	74,960,250	25 36
MOYENNE DÉCENNALE..	6,568,404	17.54	89,127,749	115,266,557	3,012,491	393,672	2,618,819		91,746,568	22 60
1911	6,433,360	17 26	87,727,100	111,049,900	21,631,605	252,247	21,379,358	–	109,190,758	25 90

SUPERFICIE, PRODUCTION ET VALEUR DES DIVERSES CULTURES
EN FRANCE.

	PRODUIT BRUT PAR HECTARE DE BLÉ.						
ANNÉES.	PRIX MOYEN de L'HECTOLITRE.	RENDEMENT MOYEN par HECTARE.	VALEUR MOYENNE de LA PRODUCTION par hectare.	ANNÉES.	PRIX MOYEN de L'HECTOLITRE.	RENDEMENT MOYEN par HECTARE.	VALEUR MOYENNE de LA PRODUCTION par hectare.
	fr. c.	hectolitres.	fr. c.		fr. c.	hectolitres.	fr. c.
1815	19 53	8.59	167 76	1873	25 70	11.99	308 14
1816	28 31	9.73	275 45	1874	24 31	19.36	470 64
1817	36 16	10.27	371 86	1875	19 88	14.48	280 62
1818	24 65	11.40	281 01	1876	20 64	13.90	286 89
1819	18 42	–	–	1877	23 42	14.85	336 07
1820	19 13	9.47	181 16	1878	23 08	13.92	321 27
1821	17 79	12.25	217 92	1879	21 92	11 43	250 54
1822	15 49	10.60	164 19	1880	22 90	14.57	333 65
1823	17 52	12.09	211 81	1881	22 28	13.91	309 91
1824	16 22	12.65	205 18	1882	21 51	17.70	380 72
1825	15 74	12.57	197 85	1883	19 16	15.25	292 19
1826	15 85	12.18	193 05	1884	17 76	16.20	287 61
1827	18 21	12.58	229 08	1885	16 80	15.82	265 77
1828	22 03	11.81	260 17	1886	16 94	15.42	261 21
1829	22 59	12.79	288 98	1887	18 13	16.14	292 61
1830	22 39	10.53	235 76	1888	18 37	14.15	259 93
1831	22 10	11.04	243 98	1889	18 45	15.39	283 94
1832	21 85	15.52	339 11	1890	19 05	16.55	315 27
1833	16 62	12.60	209 41	1891	20 58	13.41	275 97
1834	15 25	11.60	176 90	1892	17 87	15.67	280 02
1835	15 25	13.43	204 80	1893	16 55	13.82	228 72
1836	17 32	12.03	208 35	1894	15 21	17.52	266 47
1837	18 53	12.56	245 29	1895	14 40	17.13	246 67
1838	19 51	12.41	242 11	1896	14 82	17.42	258 16
1839	22 14	11.82	261 69	1897	18 85	13.19	248 63
1840	21 84	14.62	319 80	1898	19 90	18.40	366 16
1841	18 54	12.76	236 57	1899	15 35	18.50	283 97
1842	19 55	12.79	250 04	1900	14 77	16.71	246 80
1843	20 46	13.00	265 98	1901	15 44	16.12	248 89
1844	19 75	14.52	286 77	1902	16 53	17.60	290 92
1845	19 75	12.53	247 46	1903	17 03	19.81	337 36
1846	24 65	10.23	252 16	1904	16 31	16.13	263 16
1847	29 01	16.32	473 44	1905	17 56	18.16	318 89
1848	16 65	14.73	245 25	1906	17 61	17.57	309 40
1849	15 37	15.21	233 77	1907	18 03	20.20	364 20
1850	14 32	14.78	211 64	1908	17 25	17.06	294 28
1851	14 48	14.33	207 49	1909	18 15	19.13	347 20
1852	17 23	14.13	243 45	1910	19 10	13.85	264 53
1853	22 39	10.26	229 72	1911	20 28	17.26	350 03
1854	28 82	15.17	437 19				
1855	29 32	11.36	333 07				
1856	30 75	13.19	405 59				
1857	24 37	16.75	408 19				
1858	16 75	16.56	277 38				
1859	16 74	13.05	218 45				
1860	20 24	15.13	306 23				
1861	24 55	11.12	272 99				
1862	23 24	14.43	335 35				
1863	19 78	16.88	333 88				
1864	17 80	16.15	287 47				
1865	16 94	13.84	234 44				
1866	19 59	12.33	197 15				
1867	26 02	11.92	310 15				
1868	26 08	16.53	431 10				
1869	20 21	15.34	310 02				
1870	20 48	–	–				
1871	26 65	10.78	287 28				
1872	24 90	17.41	398 68				

SUPERFICIE, PRODUCTION ET VALEUR DES DIVERSES CULTURES
EN FRANCE. (Suite.)

ANNÉES.	SUPER-FICIE CULTIVÉE.	PRODUCTION		VALEUR	
		MOYENNE par HECTARE.	TOTALE.	MOYENNE du QUINTAL.	TOTALE.
	1,000 hect.	quintaux.	1,000 quint.	francs.	1,000 francs.

MÉTEIL.

ANNÉES.	SUPER-FICIE CULTIVÉE.	MOYENNE par HECTARE.	TOTALE.	MOYENNE du QUINTAL.	TOTALE.
1840	910	9.35	8,508	16.94	144,170
1852	573	10.26	5,879	18.34	107,953
1862	515	11.15	5,742	23.73	136,030
1882	315	12.86	4,051	20.95	93,080
1883	367	11.39	4,178	20.41	85,272
1884	360	12.10	4,355	20.04	87,274
1885	331	11.72	3,881	18.69	72,536
1886	337	11.31	3,812	18.78	71,595
1887	327	11.61	3,801	19.48	74,037
1888	306	10.47	3,203	21.23	68,104
1889	299	11.26	3,374	20.33	68,610
1890	297	11.88	3,529	21.00	74,133
1891	271	10.00	2,711	22.76	61,703
1892	276	11.07	3,055	19.98	61,037
1893	275	10.08	2,761	17.76	49,037
1894	265	12.37	3,291	16.72	55,066
1895	257	12.70	3,275	15.33	50,232
1896	250	12.31	3,089	15.35	47,427
1897	239	9.44	2,264	19.92	45,114
1898	236	13.27	3,143	21.70	68,223
1899	224	13.14	3,945	17.02	50,164
1900	200	11.86	2,379	17.49	41,631
1901	196	11.48	2,259	16.95	38,301
1902	169	11.91	2,016	18.38	37,062
1903	161	12.65	2,038	18.25	37,215
1904	153	11.56	1,776	18.26	32,441
1905	150	16.76	1,869	19.50	36,443
1906	149	15.40	1,714	19.51	33,453
1907	144	17.25	1,856	20.25	37,586
1908	143	15.94	1,688	19.47	32,881
1909	142	17.49	1,853	20.41	37,833
1910	136	13.93	1,383	21.52	29,770
1911	127	16.12	1,541	19.68	30,344

SUPERFICIE, PRODUCTION ET VALEUR DES DIVERSES CULTURES
EN FRANCE. (Suite.)

ANNÉES.	SUPER-FICIE CULTIVÉE.	PRODUCTION		VALEUR	
		MOYENNE par HECTARE.	TOTALE.	MOYENNE du QUINTAL.	TOTALE.
	1,000 hect.	quintaux.	1,000 quint.	francs.	1,000 francs.

SEIGLE.

ANNÉES.	SUPER-FICIE CULTIVÉE.	MOYENNE par HECTARE.	TOTALE.	MOYENNE du QUINTAL.	TOTALE.
1840	2,577	7.77	20,023	14.79	296,292
1852	2,193	8.29	18,180	15.36	279,288
1862	1,928	9.30	17,930	18.96	340,055
1882	1,744	11.79	20,562	17.65	363,046
1883	1,720	10.31	17,737	17.94	318,202
1884	1,726	10.88	18,778	17.48	328,239
1885	1,673	10.39	17,389	16.74	291,391
1886	1,634	9.93	16,227	15.88	257,733
1887	1,624	10.43	16,941	16.52	279,977
1888	1,629	9.70	15,798	16.79	265,259
1889	1,599	10.37	16,584	16.53	274,171
1890	1,589	10.91	17,332	17.21	298,392
1891	1,499	10.27	15,398	18.98	292,325
1892	1,542	11.05	17,039	17.14	292,062
1893	1,530	10.68	16,345	15.67	256,157
1894	1,555	11.23	19,032	14.46	275,199
1895	1,533	11.90	18,246	12.43	226,833
1896	1,500	11.81	17,721	12.70	225,074
1897	1,451	8.35	12,125	16.52	200,339
1898	1,474	11.52	16,998	18.21	309,605
1899	1,488	11.46	17,075	15.00	256,019
1900	1,419	10.62	15,087	14.42	217,637
1901	1,412	10.50	14,830	15.11	224,176
1902	1,331	8.71	11,598	17.79	206,378
1903	1,297	11.38	14,765	17.01	251,203
1904	1,272	10.51	13,378	15.27	204,322
1905	1,269	11.72	14,882	16.16	240,540
1906	1,253	10.32	12,926	16.24	209,948
1907	1,240	11.56	14,342	17.80	255,345
1908	1,244	10.55	13,130	17.42	228,830
1909	1,227	11.52	14,146	17.76	251,164
1910	1,212	9.19	11,147	17.93	199,928
1911	1,174	10.11	11,875	19.32	229,419

SUPERFICIE, PRODUCTION ET VALEUR DES DIVERSES CULTURES
EN FRANCE. (Suite.)

ANNÉES.	SUPER-FICIE CULTIVÉE.	PRODUCTION		VALEUR	
		MOYENNE par HECTARE.	TOTALE.	MOYENNE du QUINTAL.	TOTALE.
	1,000 hect.	quintaux.	1,000 quint.	francs.	1,000 francs.

ORGE.

ANNÉES.	SUPER-FICIE CULTIVÉE.	MOYENNE par HECTARE.	TOTALE.	MOYENNE du QUINTAL.	TOTALE.
1840	1,188	9.11	10,823	12.71	137,622
1852	1,041	10.70	11,139	13.19	147,003
1862	1,087	12.27	13,337	16.18	215.877
1882	976	12.82	12,512	17.27	216,142
1883	1,066	12.12	12,910	18.43	237,931
1884	1,058	11.69	12,364	18.30	226,261
1885	956	11.69	11,174	17.11	191,135
1886	947	12.13	11,491	15.71	180,599
1887	934	11.66	10,901	15.40	167,936
1888	894	11.20	10,011	17.21	172,282
1889	873	11.42	9,983	16.41	163,859
1890	878	12.35	10,843	17.88	193,884
1891	1,223	13.29	16,261	17.91	291,223
1892	916	11.41	10,450	15.24	159,282
1893	874	8.91	7,796	16.82	131,134
1894	890	12.17	10,838	16.25	176,164
1895	890	12.18	10,845	13.87	150,452
1896	853	12.12	10,335	14.73	152,614
1897	857	10.56	9,064	16.85	152,806
1898	814	12.96	10,563	17.33	183,114
1899	806	12.73	10,265	16.46	169,071
1900	757	12.14	9,194	16.59	152,596
1901	744	11.71	8,718	16.63	145,621
1902	693	13.66	9,478	16 59	157,264
1903	697	14.08	9,815	16.47	161,726
1904	704	12.17	8,579	15.72	134,903
1905	707	12.98	9,177	17.52	160,814
1906	709	11.62	8,245	17.77	146,513
1907	713	13.72	9,782	18.59	181,853
1908	730	12.62	9,209	18.55	170,838
1909	734	14.20	10,432	18.90	197,199
1910	748	12.97	9,713	17.85	173,395
1911	772	14.06	10,857	19.56	212,448

SUPERFICIE, PRODUCTION ET VALEUR DES DIVERSES CULTURES
EN FRANCE. (Suite.)

ANNÉES.	SUPER-FICIE CULTIVÉE.	PRODUCTION		VALEUR	
		MOYENNE par HECTARE.	TOTALE.	MOYENNE du QUINTAL.	TOTALE.
	1,000 hect.	quintaux.	1,000 quint.	francs.	1,000 francs.

AVOINE.

ANNÉES.	SUPERFICIE CULTIVÉE.	MOYENNE par HECTARE	TOTALE	MOYENNE du QUINTAL	TOTALE
1840	3,001	7.33	21,997	13.72	302,011
1852	3,263	8.51	27,768	13.12	364,517
1862	3,324	10.98	36,497	16.71	610,190
1882	3,611	11.32	40,876	18.35	750,111
1883	3,729	11.80	44,011	18.92	834,580
1884	3,697	11.18	41,340	18.53	766,030
1885	3,690	10.99	40,568	18.22	739,518
1886	3,736	11.30	42,237	17.31	731,374
1887	3,721	10.12	37,649	16.25	612,279
1888	3,734	10.49	39,190	18.35	719,297
1889	3,759	10.62	39,950	18.19	726,835
1890	3,731	11.69	44,219	19.21	849,430
1891	4.243	11.71	49,670	18.44	915,942
1892	3,813	10.21	38,934	16.13	628,021
1893	3,842	7.43	25,546	20.14	574,864
1894	3,881	11.01	42,724	19.71	842,339
1895	3,968	11.18	44,378	16.29	722,900
1896	3,916	10.97	42,994	14.41	619,841
1897	3,990	9.21	36,760	17.38	639,194
1898	3,887	12.00	46,675	18.89	881,749
1899	8,939	11.34	44,694	17.69	790,956
1900	3,941	10.50	41,413	17.66	731,770
1901	3,855	9.52	36,999	19.47	720,435
1902	3,832	12.11	46,403	19.49	904,378
1903	3,843	13.00	49,979	16.76	837,877
1904	3,834	11.01	42,224	15.87	670,147
1905	3,812	11.64	44,378	18.82	835,459
1906	3,855	11.11	42,836	20.66	885,252
1907	3,871	13.22	51,196	19.67	1,007,532
1908	3,897	12.18	47,488	18.43	875,204
1909	3,927	14.16	55,613	20.07	1,116,399
1910	3,951	12.19	48,171	19.20	925,325
1911	3,991	12.70	50,693	20.56	1,042,468

SUPERFICIE, PRODUCTION ET VALEUR DES DIVERSES CULTURES EN FRANCE. (Suite.)

ANNÉES.	SUPER-FICIE CULTIVÉE.	PRODUCTION		VALEUR	
		MOYENNE par HECTARE.	TOTALE.	MOYENNE du QUINTAL.	TOTALE.
	1,000 hect.	quintaux.	1,000 quint.	francs.	1,000 francs.
MAÏS.					
1840............................	632	8.56	5,410	13.27	71,796
1852............................	602	9.83	5,918	12.84	75,999
1862............................	586	10.47	6,135	18.21	111,778
1882............................	548	12.90	7,469	18.02	134,649
1883............................	630	11.09	6,986	20 01	139,790
1884............................	617	11.57	7,139	19 61	139,996
1885............................	561	11.58	6,495	18.09	117,502
1886............................	549	11.71	6,431	16.60	106,779
1887............................	558	13.56	7,574	15.06	114,094
1888............................	571	12.58	7,189	15.83	113,788
1889............................	558	11.84	6,612	17.03	112,644
1890............................	547	10.91	5,971	17.82	106,410
1891............................	558	12.15	6,776	18.74	126,974
1892............................	559	12.26	6,855	17.58	120,518
1893............................	567	11.82	6,708	16.72	112,181
1894............................	578	12.21	7,059	16.51	116,525
1895............................	584	11.49	6,715	15.37	103,196
1896............................	583	13.31	7,774	15.34	119,258
1897............................	584	13.29	7,776	14.39	111,959
1898............................	561	10.78	6,058	17.13	103,804
1890............................	561	11.67	6,511	16.71	109,528
1900............................	541	10.53	5,702	15.45	88,099
1901............................	547	12.47	6,824	17.34	118,379
1902............................	502	12.71	6,389	17.22	110,057
1903............................	501	13.02	6,534	17.39	113,648
1904............................	495	10.15	5,031	16.61	83,601
1905............................	502	12.33	6,194	18.81	116,498
1906............................	467	8.10	3,783	18.28	69,197
1907............................	500	12.34	6,176	20.46	126,400
1908............................	496	13.43	6,667	18.76	125,106
1909............................	495	13.38	6,623	20.73	137,327
1910............................	482	12.32	5,944	20.40	121,249
1911............................	425	10.08	4,283	28.78	89,022

SUPERFICIE, PRODUCTION ET VALEUR DES DIVERSES CULTURES EN FRANCE. (Suite.)

ANNÉES.	SUPER-FICIE CULTIVÉE.	PRODUCTION		VALEUR	
		MOYENNE par HECTARE.	TOTALE.	MOYENNE du QUINTAL.	TOTALE.
	1,000 hect.	quintaux.	1,000 quint.	francs.	1,000 francs.

SARRASIN.

ANNÉES.	SUPER-FICIE CULTIVÉE.	MOYENNE par HECTARE.	TOTALE.	MOYENNE du QUINTAL.	TOTALE.
1840	651	8.07	5,254	11.68	61,388
1852	709	9.19	6,516	11.22	73,115
1862	669	10.08	6,743	14.59	98,423
1882	645	10.72	6,914	15.87	109,773
1883	630	11.22	7,078	18.58	131,509
1884	633	10.97	6,945	18.17	126,191
1885	628	8.83	5,545	16.92	93,853
1886	608	10.69	6,501	16.49	107,263
1887	623	8.57	5,335	14.91	79,565
1888	608	10.22	6,214	17.03	105,865
1889	591	9.59	5,804	15.08	87,546
1890	606	9.94	6,044	16.01	96,802
1891	624	10.34	6,456	17.29	111,625
1892	604	10.18	6,154	15.54	95,654
1893	584	9.48	5,539	15.27	84,607
1894	580	10.80	6,099	16.27	99,226
1895	577	10.82	6,244	13.52	84,402
1896	562	9.58	5,388	13.59	73,279
1897	552	10.61	5,864	15.36	90,084
1898	569	8.36	4,762	17.01	81,026
1899	585	8.64	5,065	17.97	81,038
1900	602	8.48	5,114	17.34	88,710
1901	601	9.35	5,625	16.56	93,179
1902	560	10.32	5,788	16.03	92,792
1903	553	11.52	6,379	16.30	104,026
1904	523	7.69	4,024	15.30	61,597
1905	523	9.94	5,203	17.37	90,404
1906	509	5.55	2,829	18.41	52,080
1907	503	9.15	4,761	19.98	95,135
1908	505	10.19	5,145	17.94	92,339
1909	500	10.62	5,318	18.25	97,061
1910	500	11.91	5,960	19.31	115,091
1911	461	4.68	2,160	20.79	44,924

SUPERFICIE, PRODUCTION ET VALEUR DES DIVERSES CULTURES
EN FRANCE. (Suite.)

ANNÉES.	SUPER-FICIE CULTIVÉE.	PRODUCTION		VALEUR	
		MOYENNE par HECTARE.	TOTALE.	MOYENNE du QUINTAL.	TOTALE.
	1,000 hect.	quintaux.	1,000 quint.	francs.	1,000 francs.
POMMES DE TERRE.					
1840	922	75.00	69,288	2.91	202,105
1852	829	50 00	41,719	4.76	198,631
1862	1,234	83.00	102,732	4.76	489,285
1882	1,337	75.00	100,993	6.42	648,317
1883	1,389	74.43	103,413	8.90	920,376
1884	1,416	75.42	106.789	7.73	825,479
1885	1,437	78.24	112,458	5.16	581,299
1886	1,463	77.14	112,878	4.95	559,373
1887	1,488	78.06	117,057	4.92	576,251
1888	1,446	71.55	103.451	5.43	561,562
1889	1,455	73.55	106,998	5.16	552,427
1890	1,465	75.38	110,398	5.13	566,680
1891	1,493	74.81	111,672	5.24	585,299
1892	1,474	105.00	154,910	4.33	670,484
1893	1,529	77.43	118,414	5.32	630,464
1894	1,540	83.22	128,200	4.92	630,842
1895	1,542	83.82	129,249	4.64	599,239
1896	1,542	83.91	129,453	4.48	582,294
1897	1,548	73.09	113,176	5.67	641,970
1898	1,542	76.68	118,321	5.46	646,122
1899	1,564	78.91	123,476	4.98	615,955
1900	1,509	81.15	122,541	4.85	595,274
1901	1,545	77.73	120,165	4.80	577,880
1902	1,458	76.71	111,870	5.08	568,159
1903	1,436	80.81	116,053	5.80	673,364
1904	1,478	83.01	122,752	5.56	682,977
1905	1,487	95.86	142,576	5.52	787,855
1906	1,513	66.93	101,262	7.23	732,954
1907	1,522	91.58	139,407	6.07	846,691
1908	1,545	110.07	170,103	5.12	872,187
1909	1,547	107.82	166.844	5.48	914,650
1910	1,547	55.10	85,237	10.38	885,075
1911	1,559	81.93	127,747	8.85	1,130,647

SUPERFICIE, PRODUCTION ET VALEUR DES DIVERSES CULTURES
EN FRANCE. (Suite.)

ANNÉES.	SUPER-FICIE CULTIVÉE.	PRODUCTION		VALEUR	
		MOYENNE par HECTARE.	TOTALE.	MOYENNE du QUINTAL.	TOTALE.
	1,000 hect.	quintaux.	1,000 quint.	francs.	1,000 francs.

BETTERAVES FOURRAGÈRES.

ANNÉES.	SUPER-FICIE CULTIVÉE.	MOYENNE par HECTARE.	TOTALE.	MOYENNE du QUINTAL.	TOTALE.
1840	—	—	—	—	—
1852	—	—	—	—	—
1862	—	—	—	—	—
1882	297	272.00	81,226	2.35	191,031
1883	261	307.89	80,406	—	—
1884	271	269.83	73,271	—	—
1885	302	243.20	73,333	2.11	154,925
1886	317	256.48	81,431	2.00	163,370
1887	331	214.79	71,153	2.13	151,928
1888	328	228.83	75,018	2.06	154,864
1889	317	253.67	80,374	2.02	162,755
1890	333	242.98	80,905	2.03	164,632
1891	343	247.68	84,880	2.01	170,591
1892	360	247.27	89,130	2.07	184,751
1893	392	197.14	77,421	2.43	188,063
1894	413	261.12	108,017	1.89	204,964
1895	422	259.31	109,477	1.87	204,474
1896	428	266.57	114,109	1.97	225,599
1897	439	274.72	120,641	1.95	235,622
1898	436	242.46	104,633	1.94	203,747
1899	446	235.30	105,126	2.02	212,610
1900	492	224.15	110,288	1.98	218,694
1901	504	246.14	124,275	1.89	235,660
1902	533	259.61	138,216	1.65	227,654
1903	575	307.14	176,635	1.54	273,163
1904	594	252.53	150,065	1.80	271,018
1905	596	317.34	189,160	1.67	317,564
1906	591	232.80	137,566	2.01	277,129
1907	616	278.31	171,544	1.82	313,277
1908	642	329.21	211,570	1.77	375,110
1909	661	350.42	231,593	1.76	409,174
1910	665	321.72	214,094	1.89	404,830
1911	674	230.03	155,151	2.17	337,373

SUPERFICIE, PRODUCTION ET VALEUR DES DIVERSES CULTURES
EN FRANCE. (Suite.)

ANNÉES.	SUPER-FICIE CULTIVÉE.	PRODUCTION		VALEUR	
		MOYENNE par HECTARE.	TOTALE.	MOYENNE du QUINTAL.	TOTALE.
	1,000 hect.	quintaux.	1,000 quint.	francs.	1,000 francs.
TRÈFLE.					
1840...............................	—	—	—	—	—
1852...............................	—	—	—	—	—
1862...............................	—	—	—	—	—
1882...............................	1,201	42.68	51,186	5.44	278,722
1883...............................	1,125	42.87	48,238	5.40	260,485
1884...............................	1,131	39.60	44,808	5.47	245,099
1885...............................	1,210	41.64	42,491	5.49	233,211
1886...............................	910	41.59	37,865	5.38	204,086
1887...............................	939	39.63	37,210	5.59	208,193
1888...............................	940	40.17	37,746	5.46	206,323
1889...............................	987	43.78	43,134	4.72	203,987
1890...............................	1,051	41.85	43,981	4.67	205,456
1891...............................	1.046	41.41	43,341	5.08	221,109
1892...............................	1,284	31.70	40,654	7.13	283,050
1893...............................	1,067	18.49	19,743	11.29	223,085
1894...............................	1,044	36.15	37,752	5.49	207,347
1895...............................	1,117	39.60	44,262	4.75	210,429
1896...............................	1,101	35.69	39,312	5.10	200,861
1897...............................	1,119	38.20	42,760	4.92	210,412
1898...............................	1,134	39.05	43,306	4.75	209,008
1899...............................	1,102	36.77	40,549	4.75	192,855
1900...............................	1,022	34.24	35,160	6.23	218,299
1901...............................	1,005	31.74	31,938	6.07	193,961
1902...............................	1,005	38.04	38,262	4.59	175,632
1903...............................	1,026	38.24	39,265	4.49	176,605
1904...............................	1,088	37.42	40,726	4.98	202,932
1905...............................	1,082	38.05	41,174	5.39	222,346
1906...............................	1,109	34.00	37,710	7.71	290,959
1907...............................	1,075	37.03	39,803	6.60	262,833
1908...............................	1,101	41.72	45,960	5.68	261,285
1909...............................	1,107	35.26	39,023	7.37	287,731
1910...............................	1,118	40.95	45,775	6.73	308,322
1911...............................	1,147	34.24	39,272	7.78	305,466

SUPERCICIE, PRODUCTION ET VALEUR DES DIVERSES CULTURES
EN FRANCE. (Suite.)

ANNÉE.	SUPER-FICIE CULTIVÉE.	PRODUCTION		VALEUR	
		MOYENNE par HECTARE	TOTALE.	MOYENNE du QUINTAL.	TOTALE.
	1,000 hect.	quintaux.	1,000 quint.	francs.	1,000 francs.

LUZERNE.

ANNÉE.	SUPER-FICIE CULTIVÉE.	MOYENNE par HECTARE	TOTALE.	MOYENNE du QUINTAL.	TOTALE.
1840	—	—	—	—	—
1852	—	—	—	—	—
1862	—	—	—	—	—
1882	841	47.46	41,269	6.59	274,371
1883	878	48.24	42,379	6.38	270,378
1884	864	44.38	38,329	6.3o	241,472
1885	795	48.29	38,410	5.94	227,965
1886	783	47.21	36,967	5.67	219,932
1887	809	46.80	37,867	6.11	231,741
1888	820	46.55	38,156	6.31	240,794
1889	800	49.58	39,688	5.66	224,597
1890	777	47.65	37,029	5.57	206,266
1891	771	46.94	36,217	5.87	212,660
1892	825	38.70	31,970	8.48	271,200
1893	778	27.69	21,562	12.29	265,187
1894	792	45.14	35,791	6.00	214,935
1895	802	44.83	35,977	5.35	192,435
1896	795	42.61	33,901	5.83	197,884
1897	813	45.28	36,825	5.47	201,568
1898	704	56.95	40,125	4.87	195.287
1899	805	43.57	35,117	5.48	193,442
1900	880	41.43	36,499	7.37	269,334
1901	928	42.91	39,835	6.90	275,028
1902	1,012	46.66	47,268	5.12	242,344
1903	1,051	47.19	49,598	5.24	260,295
1904	1,076	44.61	48.017	5.56	367,303
1905	1,076	46.18	49,701	5.85	291,179
1906	1,100	41.24	46,384	7.90	358 914
1907	1,107	44.50	49,254	7.27	358,110
1908	1,117	48.53	54,196	6.36	345,075
1909	1,126	46.85	52,749	7.64	403,389
1910	1,117	49.77	55,391	7.33	407,616
1911	1,134	42.07	47,889	8.36	400,353

SUPERFICIE, PRODUCTION ET VALEUR DES DIVERSES CULTURES
EN FRANCE. (Suite.)

ANNÉES.	SUPER-FICIE CULTIVÉE.	PRODUCTION		VALEUR	
		MOYENNE par HECTARE.	TOTALE.	MOYENNE du QUINTAL.	TOTALE.
	1,000 hect.	quintaux.	1,000 quint.	francs.	1,000 francs.
SAINFOIN.					
1840..........................	—	—	—	—	—
1852..........................	—	—	—	—	—
1862..........................	—	—	—	—	—
1882..........................	688	38.84	26,737	6.34	169,591
1883..........................	583	37.25	21,734	6.27	136,272
1884..........................	590	34.49	20,334	2.18	125,664
1885..........................	629	35.81	22,511	6.01	135,331
1886..........................	611	35.00	21,386	5.64	120,715
1887..........................	643	41.35	23,604	5.83	137,789
1888..........................	647	35.38	22,896	6.05	138,695
1889..........................	642	37.42	24,030	5.32	127,939
1890..........................	637	35.69	22,728	5.23	118,903
1891..........................	626	35.16	22,006	5.52	121,479
1892..........................	725	30.70	22,307	8.10	180,892
1893..........................	625	18.15	11.363	11.66	132,501
1894..........................	664	32.22	21,420	5.72	122,518
1895..........................	663	33.19	22,014	5.02	110,540
1896..........................	675	30.10	20,313	5.56	113,062
1897..........................	667	32.79	21,897	5.29	115,985
1898..........................	674	33.47	22,584	5.20	117,496
1899..........................	690	33.05	22,834	5.07	115,954
1900..........................	728	30.47	22,215	7.07	157,154
1901..........................	723	31.30	22,648	7.10	160,861
1902..........................	774	33.53	25,971	5.07	131,736
1903..........................	777	34.90	27,137	4.93	133,807
1904..........................	797	33.91	27,057	5.28	142,986
1905..........................	800	36.22	28,974	5.55	161,008
1906..........................	794	32.76	26,020	7.72	201,023
1907..........................	805	34.23	27,546	6.91	190,440
1908..........................	788	37.27	29,365	6.00	176,345
1909..........................	796	34.74	27,644	7.14	197,432
1910..........................	786	36.77	28,903	7.04	203,629
1911..........................	770	31.90	24.585	8.01	196,976

SUPERFICIE, PRODUCTION ET VALEUR DES DIVERSES CULTURES
EN FRANCE. (Suite.)

ANNÉES.	SUPER-FICIE CULTIVÉE.	PRODUCTION		VALEUR	
		MOYENNE par HECTARE.	TOTALE.	MOYENNE du QUINTAL.	TOTALE.
	1,000 hect.	quintaux.	1,000 quint.	francs.	1,000 francs.
PRÉS NATURELS ET HERBAGES.					
1840	4,198	25.06	105,203	4.40	462,598
1852	5,047	27.59	139,290	4.35	606,408
1862	5,021	31.84	159,880	6.26	1,002,210
1882	6,235	30.14	187,980	5.86	1,102,427
1883	4,492	38.45	173,655	5.70	989,833
1884	4,431	36.71	162,713	5.63	916,074
1885	5,051	38.84	196,218	5.58	1,095,492
1886	5,002	39.29	196,556	5.24	1,031,891
1887	4,779	38.33	183,189	5.57	1,020,551
1888	4,793	38.30	183,575	5.61	1,030,744
1889	4,822	40.82	196,881	5.00	985,037
1890	4,959	39.18	194,302	4.82	936,616
1891	5,075	37.41	189,886	5.12	973,655
1892	6,523	26.38	172,136	7.52	1,295,877
1893	5,256	16.73	87,963	12.32	1,084,335
1894	5,417	34.74	188,216	5.87	1,104,954
1895	5,534	35.83	198,316	4.94	980,249
1896	5,521	33.48	184,895	5.14	951,426
1897	5,601	35.86	200,890	4.96	997,708
1898	5,612	36.13	202,772	4.85	985,428
1899	5,640	34.16	192,700	5.12	987,011
1900	5,567	28.87	160,743	6.70	1,076,984
1901	5,576	28.11	156,744	6.61	1,036,988
1902	6,887	28.17	194,037	4.96	962,916
1903	6,228	32.06	199,680	4.94	988,129
1904	6,132	32.20	203,481	5.22	1,063,554
1905	5,964	33.19	197,959	5.79	1,146,302
1906	6,260	28.99	181,502	8.81	1,600,316
1907	6,213	32.95	204,740	7.38	1,512,057
1908	6,326	34.60	218,886	6.06	1,326,508
1909	6,415	29.97	192,263	7.73	1,487,059
1910	6,452	35.14	226,762	7.03	1,595,422
1911	6,432	30.90	198,750	8.10	1,610,287

SUPERFICIE, PRODUCTION ET VALEUR DES DIVERSES CULTURES
EN FRANCE. (Suite.)

ANNÉES.	SUPER-FICIE CULTIVÉE.	PRODUCTION		VALEUR	
		MOYENNE par HECTARE.	TOTALE.	MOYENNE du QUINTAL.	TOTALE.
	1,000 hect.	quintaux.	1,000 quint.	francs.	1,000 francs.
COLZA (GRAINES).					
1840	174	13.14	2,279	22.45	51,127
1852	—	—	—	—	—
1862	202	15.91	3,205	28.01	89,795
1882	93	15.65	1,453	22.45	32,617
1883	123	10.36	1,274	—	—
1884	115	12.66	1,456	—	—
1885	85	12.75	1,079	27.16	29,309
1886	73	9.47	688	27.19	18,704
1887	62	10.50	653	28.36	18,509
1888	59	10.07	593	29.86	17,700
1889	61	12.04	736	31.34	23,066
1890	64	13.13	836	30.49	26,505
1891	38	9.48	362	32.53	11,780
1892	65	12.34	802	27.98	22,455
1893	59	8.70	513	30.09	15,467
1894	58	10.32	599	27.32	16,393
1895	52	10.75	565	27.11	15,332
1896	54	11.23	595	27.65	16,378
1897	52	10.94	572	29.86	17,112
1898	50	12.69	638	27.25	17,393
1899	51	12.03	620	31.22	19,367
1900	38	10.98	425	28.62	12,175
1901	33	11.34	379	29.61	11,232
1902	35	11.09	388	25.24	9,819
1903	32	11.50	376	23.86	8,982
1904	34	15.24	527	24.53	12,941
1905	32	15.54	496	26.88	13,345
1906	28	13.35	371	31.24	11,591
1907	29	16.74	487	32.32	15,757
1908	32	15.59	505	30.38	15,360
1909	33	16.40	541	27.51	14,888
1910	34	14.12	475	30.50	14,503
1911	30	14.19	419	32.72	13,721
1912					

SUPERFICIE, PRODUCTION ET VALEUR DES DIVERSES CULTURES
EN FRANCE. (Suite.)

ANNÉES.	SUPER-FICIE CULTIVÉE.	PRODUCTION		VALEUR	
		MOYENNE par HECTARE.	TOTALE.	MOYENNE du QUINTAL.	TOTALE.
	1,000 hect.	quintaux.	1,000 quint.	francs.	1,000 francs.

OEILLETTES (GRAINES).

ANNÉES.	SUPER-FICIE CULTIVÉE.	MOYENNE par HECTARE.	TOTALE.	MOYENNE du QUINTAL.	TOTALE.
1840	—	—	—	—	—
1852	—	—	—	—	—
1862	48	16.20	773	28.00	21,634
1882	25	15.47	383	27.58	10,565
1883	—	—	—	—	—
1884	—	—	—	—	—
1885	19	9.36	182	38.07	6,931
1886	19	9.53	178	38.05	6,767
1887	18	10.00	176	34.69	6.092
1888	18	9.21	167	38.84	6,482
1889	16	9.56	149	38.68	5,772
1890	15	9.23	137	39.92	5,455
1891	16	9.38	152	36.09	5,479
1892	14	9.68	135	37.74	5,080
1893	11	6.46	76	47.08	3,590
1894	11	6.63	77	38.29	2,970
1895	13	5.47	72	36.69	2,646
1896	10	8.60	86	33.72	2,916
1897	9	8.72	80	38.13	3,083
1898	8	9.97	81	40.05	3,263
1899	7	9.91	74	39.43	2,919
1900	6	9.36	62	37.53	2,315
1901	5	8.24	42	41.45	1,774
1902	6	9.20	62	40.96	2,475
1903	5	7.83	43	34.59	1,511
1904	5	11.23	61	33.67	2,074
1905	4	13.26	52	30.91	1,622
1906	4	14.57	57	36.02	2,045
1907	4	14.67	59	37.80	2,235
1908	4	14.64	59	34.94	2,074
1909	3	15.92	54	38.86	2,105
1910	3	13.60	35	44.89	1,583
1911	3	12.32	33	47.00	1,538
1912					

SUPERFICIE, PRODUCTION ET VALEUR DES DIVERSES CULTURES
EN FRANCE. (Suite.)

ANNÉES.	SUPERFICIE CULTIVÉE.	PRODUCTION		VALEUR	
		MOYENNE par HECTARE.	TOTALE.	MOYENNE du QUINTAL.	TOTALE.
	1,000 hect.	quintaux.	1,000 quint.	francs.	1,000 francs.

NAVETTE (GRAINES).

ANNÉES.	SUPERFICIE CULTIVÉE.	MOYENNE par HECTARE.	TOTALE.	MOYENNE du QUINTAL.	TOTALE.
1840	-	-	-	-	-
1852	-	-	-	-	-
1862	40	8.88	358	26.92	9,477
1882	18	8.41	148	22.10	3,315
1883	-	-	-	-	-
1884	-	-	-	-	-
1885	12	5.77	69	29.00	2,008
1886	12	5.23	63	31.22	1,967
1887	11	6.38	70	31.11	2,192
1888	12	4.78	56	32.43	1,823
1889	11	5.04	54	31.25	1,692
1890	12	4.99	57	31.78	1,827
1891	12	5.33	62	32.11	2,001
1892	11	5.16	57	34.35	1,967
1893	9	4.19	38	32.98	1,267
1894	10	5.58	57	32.00	1,853
1895	9	5.69	56	30.12	1,710
1896	9	6.12	60	29.36	1,781
1897	9	5.86	55	28.65	1,594
1898	8	6.43	53	29.30	1,567
1899	7	6.63	51	30.10	1,559
1900	6	5.75	35	28.79	1,013
1901	6	5.81	30	31.76	964
1902	7	4.90	36	28.97	1,057
1903	7	5.11	37	32.27	1,199
1904	7	7.62	54	27.78	1,510
1905	6	8.12	50	29.18	1,453
1906	6	7.65	45	30.65	1,376
1907	5	8.58	45	31.01	1,388
1908	5	12.17	64	30.43	1,959
1909	5	10.73	59	29.70	1,754
1910	5	9.97	53	28.75	1,526
1911	5	9.70	50	30.78	1,534

SUPERFICIE, PRODUCTION ET VALEUR DES DIVERSES CULTURES EN FRANCE. (Suite.)

ANNÉES.	SUPER-FICIE CULTIVÉE.	PRODUCTION		VALEUR	
		MOYENNE par HECTARE.	TOTALE.	MOYENNE du QUINTAL.	TOTALE.
	1,000 hect.	quintaux.	1,000 quint.	francs.	1,000 francs.
CAMELINE (GRAINES).					
1840	—	—	—	—	—
1852	—	—	—	—	—
1862	6	15.05	86	24.32	2,081
1882	2	13.96	24	17.36	419
1883	—	—	—	—	—
1884	—	—	—	—	—
1885	1	9.33	14	24.47	339
1886	1	8.06	11	25.17	266
1887	0,9	8.21	8	22.60	173
1888	1	9.62	11	22.64	245
1889	1	9.08	9	24.62	225
1890	0,8	9.86	8	22.61	167
1891	2	6.21	10	22.98	237
1892	1	8.65	12	21.34	264
1893	1	7.08	8	20.43	178
1894	1	7.76	9	16.38	148
1895	1	7.89	6	17.43	108
1896	0,532	9.67	5	19.57	101
1897	0,467	8.85	4	21.13	87
1898	0,309	9.26	2	19.57	56
1899	0,253	9.64	2	19.64	48
1900	0,273	10.25	2	22.02	62
1901	0,215	9.52	2	21.10	49
1902	0,196	7.37	1	24.13	39
1903	—	—	—	—	—
1904	—	—	—	—	—
1905	—	—	—	—	—
1906	—	—	—	—	—
1907	—	—	—	—	—
1908	—	—	—	—	—
1909	—	—	—	—	—
1910	—	—	—	—	—
1911	—	—	—	—	—

SUPERFICIE, PRODUCTION ET VALEUR DES DIVERSES CULTURES
EN FRANCE. (Suite.)

ANNÉES.	SUPER-FICIE CULTIVÉE.	PRODUCTION		VALEUR	
		MOYENNE par HECTARE.	TOTALE.	MOYENNE du QUINTAL.	TOTALE.
	1,000 hect.	quintaux.	1,000 quint.	francs.	1,000 francs.
CHANVRE (FILASSE).					
1840	176	3.83	675	90.00	57,786
1852	125	5.12	642	77.00	49,666
1862	100	5.74	574	97.00	55,862
1882	63	7.09	450	96.00	43,311
1883	108	6.34	446	—	—
1884	100	6.39	415	—	—
1885	64	7.31	469	83.06	38,965
1886	60	7.22	435	86.18	37,464
1887	60	7.10	426	85.83	36,530
1888	56	6.97	387	80.05	30,999
1889	54	7.32	394	76.98	33,147
1890	52	7.15	372	77.97	28,990
1891	52	6.36	328	88.06	28,905
1892	45	6.59	294	81.14	23,870
1893	41	6.54	269	80.79	21,788
1894	40	7.00	284	79.73	22,660
1895	37	7.33	272	83.61	22,818
1896	34	7.00	243	80.07	19,531
1897	32	7.10	239	77.05	17,977
1898	29	7.04	206	75.35	15,538
1899	29	7.36	213	73.48	15,720
1900	26	6.91	185	98.08	18,158
1901	25	7.76	200	70.33	14,068
1902	21	7.18	153	75.22	11,559
1903	22	7.96	180	65.07	11,752
1904	20	7.66	159	82.54	13,146
1905	19	8.69	166	65.63	10,917
1906	19	6.50	123	75.99	9,369
1907	17	8.71	150	74.33	11,180
1908	15	9.33	140	73.95	10,372
1909	15	9.20	136	78.90	10,670
1910	14	9.40	131	84.88	11,073
1911	16	9.33	146	99.64	14,563

SUPERFICIE, PRODUCTION ET VALEUR DES DIVERSES CULTURES
EN FRANCE. (Suite.)

ANNÉES.	SUPER-FICIE CULTIVÉE.	PRODUCTION		VALEUR	
		MOYENNE par HECTARE.	TOTALE.	MOYENNE du QUINTAL.	TOTALE.
	1,000 hect.	quintaux.	1,000 quint.	francs.	1,000 francs.
LIN (FILASSE).					
1840.........................	98	3.75	369	115.00	41,543
1852.........................	80	4.19	336	94.00	31,755
1862.........................	105	4.96	523	126.00	65,961
1882.........................	44	6.79	300	105.00	31,729
1883.........................	81	7.34	370	–	–
1884.........................	73	8.15	363	–	–
1885.........................	42	8.96	380	97.09	36,908
1886.........................	42	7.16	302	98.01	29,561
1887.........................	44	6.76	298	93.78	27,934
1888.........................	35	6.23	220	95.44	21,009
1889.........................	34	7.03	241	88.74	21,375
1890.........................	32	6.85	220	90.04	19,840
1891.........................	29	7.41	216	88.74	19,132
1892.........................	27	6.71	182	90.83	16,559
1893.........................	29	6.07	179	86.16	15,461
1894.........................	33	7.29	241	83.63	20,235
1895.........................	34	6.54	222	83.29	18,569
1896.........................	26	7.00	188	85.82	16,175
1897.........................	24	7.64	186	80.42	15,039
1898.........................	19	5.93	113	93.98	10,712
1899.........................	17	7.20	126	80.68	10,187
1900.........................	21	9.14	194	74.19	14,404
1901.........................	25	10.02	248	65.04	16,123
1902.........................	21	8.17	179	88.93	15,984
1903.........................	23	8.36	197	102.69	20,303
1904.........................	26	8.84	237	105.68	25,141
1905.........................	27	7.61	206	108.34	22,368
1906.........................	28	7.60	209	122.31	25,582
1907.........................	29	8.14	237	123.41	29,221
1908.........................	29	7.60	217	113.13	24,573
1909.........................	20	6.76	138	109.62	15,163
1910.........................	22	6.92	150	115.31	17,317
1911.........................	24	8.55	204	128.82	26,277

SUPERFICIE, PRODUCTION ET VALEUR DES DIVERSES CULTURES
EN FRANCE. (Suite.)

ANNÉES.	SUPER-FICIE CULTIVÉE.	PRODUCTION		VALEUR	
		MOYENNE par HECTARE.	TOTALE.	MOYENNE du QUINTAL.	TOTALE.
	1,000 hect.	quintaux.	1,000 quint.	francs.	1,000 francs.
BETTERAVES À SUCRE.					
1840	58	273.00	25,741	1.85	28,979
1852	111	290.00	32,249	1.77	57,069
1862	136	324.00	44,267	1.90	84,178
1882	240	368.00	88,504	2.01	178,209
1883	226	365.68	83,378	–	–
1884	234	302.75	70,807	–	–
1885	194	283.20	54,841	2.01	110,610
1886	213	323.02	68,913	2.05	141,301
1887	194	263.54	51,239	2.28	116,877
1888	201	271.03	54,581	2.23	121,794
1889	226	315.65	71,445	2.61	186,566
1890	239	271.08	64,766	2.24	145,148
1891	260	251.21	65,353	2.29	150,063
1892	254	241.32	61,216	2.47	151,376
1893	259	233,43	60,468	2.59	156,724
1894	268	284.83	76,401	2.28	173,958
1895	237	268.65	63,782	2.39	152,468
1896	270	314.19	84,846	1.84	156,857
1897	269	287.77	77,617	2.23	173,186
1898	262	251.42	65,935	2.78	183,337
1899	379	258.68	72,266	2.57	185,615
1900	329	260.48	85,861	2.71	232,507
1901	338	266.15	90,174	2.33	210,842
1902	252	248.75	62,833	2.16	136,181
1903	240	258.37	62,128	2.20	136,177
1904	202	220.05	44,653	2.16	96,758
1905	272	281.76	76,621	2.31	177,108
1906	221	244.73	54,097	2.32	125,772
1907	219	239.17	52,439	2.31	121,350
1908	223	260.24	58,026	2.52	146,525
1909	237	264.13	62,541	2.51	157,264
1910	247	235.65	58,298	2.60	151,372
1911	243	174.36	42,358	3.21	135,999

SUPERFICIE, PRODUCTION ET VALEUR DES DIVERSES CULTURES
EN FRANCE (Suite.)

ANNÉES.	SUPER-FICIE CULTIVÉE.	PRODUCTION		VALEUR	
		MOYENNE par hectare.	TOTALE.	MOYENNE du quintal.	TOTALE.
	1,000 hect.	quintaux.	1,000 quint.	francs.	1,000 francs.
TABAC.					
1840.................................	7	11.17	88	61.70	5,483
1852.................................	–	–	–	–	–
1862.................................	18	14.25	252	85.07	21,456
1882.................................	14	15.15	208	85.05	17,660
1883.................................	12	11.88	148	–	–
1884.................................	13	12.24	163	–	–
1885.................................	14	15.16	214	79.85	17,113
1886.................................	15	14.88	224	89.08	19,942
1887.................................	16	13.69	226	89.85	20,180
1888.................................	16	13.91	229	84.94	19,480
1889.................................	16	12.68	206	85.05	17,514
1890.................................	15	14.40	222	84.38	18,774
1891.................................	15	14.25	220	88.30	19,391
1892.................................	15	14.87	230	89.65	20,618
1893.................................	14	13.84	196	87.68	17,249
1894.................................	15	15.09	239	87.36	20,943
1895.................................	16	15.18	248	88.70	23,039
1896.................................	16	15.73	262	85.48	22,438
1897.................................	16	15.78	265	86.79	23,067
1898.................................	16	12.01	202	88.88	18,040
1899.................................	16	13.66	227	91.82	20,895
1900.................................	17	12.87	227	88.63	20,173
1901.................................	18	14.05	253	86.29	21,882
1902.................................	18	13.65	247	84.33	20,890
1903.................................	18	14.26	260	86.57	22,560
1904.................................	12	13.36	170	89.96	15.370
1905.................................	16	15.04	244	89.46	21,859
1906.................................	16	10.09	165	91.09	15,047
1907.................................	16	11.67	185	92.89	17,196
1908.................................	16	14.11	227	97.63	21,942
1909.................................	15	12.50	192	99.35	19,052
1910.................................	12	13.87	165	101.50	16,795
1911.................................	16	11.50	183	106.19	17,476

SUPERFICIE, PRODUCTION ET VALEUR DES DIVERSES CULTURES
EN FRANCE. (Suite.)

ANNÉES.	SUPER-FICIE CULTIVÉE.	PRODUCTION		VALEUR	
		MOYENNE par hectare.	TOTALE.	MOYENNE du quintal.	TOTALE.
	1,000 hect.	quintaux.	1,000 quint.	francs.	1,000 francs.
HOUBLON.					
1840	—	—	—	—	—
1852	—	—	—	—	—
1862	5	13.73	66	219.00	14,523
1882	4	8.24	30	510.00	15,080
1883	3	11.88	41	—	—
1884	3	13.69	46	—	—
1885	4	12.78	49	65.08	3,215
1886	3	11.90	41	73.02	3,005
1887	3	12.04	37	80.31	3,003
1888	3	11.04	31	107.44	3.239
1889	3	12.12	38	69.58	2,644
1890	3	15.72	44	285.03	12,643
1891	3	10.87	29	136.55	3,962
1892	3	13.15	36	222.33	7,965
1893	2	9.63	26	252.42	6,807
1894	2	10.79	31	115.13	3,652
1895	3	10.66	34	114.82	3,934
1896	2	11.16	31	74.27	2,344
1897	2	13.15	36	80.65	2,904
1898	2	10.74	30	221.61	6,769
1899	2	14.10	39	105.07	7,155
1900	2	12.70	36	127.20	4,609
1901	2	10.69	32	94.96	3,039
1902	2	8.77	23	168.79	4,021
1903	3	11.38	33	290.21	9,623
1904	2	12.04	35	195.96	6,891
1905	3	16.79	50	98.70	4,954
1906	3	13.59	42	122.56	5,090
1907	3	12.63	39	83.98	3,304
1908	3	17.01	52	65.78	2,718
1909	3	7.94	23	179.82	4,102
1910	3	11.79	32	155.13	5,014
1911	3	9.25	26	294.96	7,758

SUPERFICIE, PRODUCTION ET VALEUR DES DIVERSES CULTURES
EN FRANCE. (Suite.)

ANNÉES.	CHÂTAIGNES.		NOIX.		OLIVES.		POMMES ET POIRES À CIDRE.		PRUNES.	
	PRO-DUCTION.	VALEUR.	PRO-DUCTION.	VALEUR.	PRO-DUCTION.	VALEUR.	PRO-DUCTION.	VALEUR.	PRO-DUCTION.	VALEUR.
	quintaux.	francs.	quintaux.	francs.	quintaux.	francs.	quintaux.	francs.	quintaux.	francs.
1885	3,903,162	38,049,713	1,590,182	25,028,462	2,250,992	39,793,192	21,926,606	93,289,092	731,964	19,178,655
1886	7,570,827	46,072,476	918,808	18,904,251	1,680,687	29,368,942	10,956,986	79,109,749	472,326	16,876,091
1887	5,862,343	44,870,636	908,976	15,962,005	1,548,912	29,691,880	16,013,988	114,817,188	442,552	18,256,212
1888	4,668,488	40,259,068	1,084,564	21,777,085	2,348,234	45,373,433	12,763,056	103,677,116	550,128	17,872,273
1889	4,682,904	45,461,839	1,055,952	21,435,762	1,344,570	27,034,188	4,169,589	48,132,816	433,688	15,584,952
1890	5,117,873	47,634,426	911,371	18,895,218	1,248,025	29,561,695	9,691,023	94,755,221	389,475	15,889,329
1891	5,011,315	48,838,607	842,310	17,876,063	1,234,249	28,934,983	8,230,728	83,902,723	466,628	13,580,516
1892	5,190,767	49,643,414	836,482	18,463,479	1,220,672	25,908,484	15,987,086	106,895,567	319,505	10,752,418
1893	4,575,288	36,748,495	1,349,827	25,915,958	1,178,457	26,810,545	38,846,474	122,027,012	1,206,588	24,031,665
1894	2,963,845	28,973,810	807,615	20,155,444	1,064,825	20,579,063	16,978,651	104,066,700	1,346,479	24,589,481
1895	3,070,924	27.597,522	827,146	18,848,906	1,259,074	23,001,220	28.235,887	118,149,763	743,805	22,702,546
1896	2,893,371	27,601,607	849,610	19,272,827	1,389,114	20,763,862	11,479,679	84,282,609	849,606	24,759,407
1897	3,033,871	29.994,780	674,318	15,982,960	925,337	19,600,724	7,971,708	81,871,063	476,170	12,315,843
1898	3,720,152	34,149,716	595,775	14,190,711	1,418,977	24,427,499	10,692,639	103,329,623	500,699	14,913,708
1899	4,347,430	36,245,560	564,270	13,350,450	904,940	17,488,950	22,504,600	129,762,840	298,730	7,668,990
1900	3,948,042	28,286,188	725,297	18,243,080	1,085,792	20,544,071	37,555,114	131,580,312	1,289,113	20,601,084
1901	3,331,224	24,691,696	876,993	19,185,891	1,062,716	19,458,112	12,599,371	86,329,053	630,308	13,034,403
1902	2,182,551	18,242,139	331,979	11,450,755	1,334,818	24,123,070	8,599,027	101,412,591	332,435	6,305,113
1903	2,138,544	19,033,160	516,932	18,169,730	939.782	19,194,872	5,486,399	69,598,454	58,784	1,698,252
1904	3,202,437	26,803,025	1,043,148	29,734,027	1,242,041	23,732,939	62.636,553	182,283,832	706,396	10,164,992
1905	2,896,660	26,618,320	553,530	22,346,720	851,820	20,457,960	4,670,280	56,978,300	378,520	6,110,660
1906	2,535,690	25,370,940	596,140	25,773,960	897,680	19,422,060	26,124,950	131,712,570	351,430	6,222,340
1907	3,077,060	29,029,730	717,730	26,765,440	821,300	16,988,540	4,245,410	57,250,940	427,160	7,886,170
1908	2,638,800	25,934,380	728,000	24,880,930	1,252,120	34,769,160	22,408,860	138,593,520	545,330	10,748,900
1909	2,085,060	23,716,350	587,340	22,475,790	485,820	14,231,340	12,745,190	102,064,940	405,550	7,023,370
1910	1,414,110	19,991,380	210,540	14,008,580	710,840	22,272,060	13,494,260	121,800,320	229,850	7,020,940
1911	2,805,850	30,140,070	644,220	28,504,530	522,460	15,328,090	30,897.510	198,269,540	438,080	12,977,690

SUPERFICIE, PRODUCTION ET VALEUR DES DIVERSES CULTURES EN FRANCE. (Suite et fin.)

| ANNÉES. | SUPER-FICIE CULTIVÉE. | VINS. | | | | CIDRES. |
| | | PRODUCTION | | VALEUR | | PRODUC-TION |
		MOYENNE par HECTARE.	TOTALE.	MOYENNE de L'HECTOLITRE.	TOTALE.	TOTALE.
	1,000 hect.	hectolitres.	1,000 hect.	fr. c.	1,000 francs.	1,000 hect.
1840.................	1,972	18.65	36,783	11.40	419,029	6,530
1852.................	2,190	17.37	38,060	13.14	500,103	18,428
1862.................	2,320	20.99	48,630	28.52	1,386,756	7,937
1882.................	2,196	15.28	33,581	33.84	1,136,718	—
1883.................	2,122	28.17	59,778	—	—	—
1884.................	2,195	24.39	53,556	—	—	—
1885.................	1,971	16.58	31,481	39.87	1,255,334	19,955
1886.................	1,908	16.24	33,186	40.29	1,224,465	8,301
1887.................	1,920	13.61	25,365	35.98	912,749	13,437
1888.................	1,838	16.67	30,654	30.41	932,228	9,767
1889.................	1,837	13.08	24,032	31.55	758,330	3,701
1890.................	1,817	15.08	27,416	36.06	988,794	11,095
1891.................	1,764	17.09	30,167	30.06	906,944	9,280
1892.................	1,793	16.11	28,891	28.63	827,149	15,141
1893.................	1,821	27.84	57,102	23.25	1,178,874	31,608
1894.................	1,707	23.09	39,436	23.05	909,214	15,541
1895.................	1,660	16.21	26,917	30.12	810,676	25,586
1896.................	1,640	26.84	44,044	25.27	1,113,416	8,074
1897.................	1,623	19.67	31,943	23.63	754,974	6,788
1898.................	1,648	19.25	31,730	28.88	916,653	10,637
1899.................	1,631	28.68	46,810	25.48	1,193,057	20,835
1900.................	1,609	42.57	68,514	17.96	1,231,151	29,408
1901.................	1,618	37.11	60,074	14.43	867,120	12,733
1902.................	1,587	26.61	42,257	20.23	855,136	5,178
1903.................	1,588	22.18	35,240	28.12	991,021	4,505
1904.................	1,724	39.93	68,883	16.73	1,152,642	36,356
1905.................	1,744	33.17	57,857	12.23	765,625	4,007
1906.................	1,748	29.88	52,241	16.83	879,276	21,714
1907.................	1,649	40.06	66,070	16.91	1,117,344	2,739
1908.................	1,654	36.60	60,545	16.02	970,456	16,874
1909.................	1,626	33.49	54,446	18.36	999,672	7,948
1910.................	1,630	17.62	28,723	38.88	1,116,873	10,795
1911.................	1,606	28.04	45,044	29.70	1,338,141	21,898

PRODUCTION DES DENRÉES AGRICOLES POUR LA FRANCE ENTIÈRE DE 1850 À 1911.

VINS. — PRODUCTION. COMMERCE ET CONSOMMATION.

ANNÉES.	VINS.			CONSOMMATION	
	PRODUCTION.	IMPORTATION.	EXPORTATION.	TOTALE.	PAR HABITANT.
	hectolitres.	hectolitres.	hectolitres.	hectolitres.	hectolitres.
1850.............	45,266,000	3,195	1,910,654	43,358,541	1.21
1851.............	39,429,000	3,320	2,269,030	37,163,290	1.04
1852.............	28,636,000	3,477	2,438,572	26,200,905	0.73
1853.............	22,062,000	4,478	1,976,026	20,090,452	0.56
1854.............	10,824,000	155,179	1,330,213	9,648,966	0.27
1855.............	15,175,000	417,103	1,214,977	14,377,126	0.40
1856.............	21,294,000	342,476	1,274,917	20,361,559	0.56
1857.............	35,410,000	628,446	1,124,474	34,913,972	0.96
1858.............	53,919,000	114,467	1,619,700	52,413,767	1.44
1859.............	29,891,000	128,828	2,519,039	27,500,789	0.75
1860.............	39,558,450	183,211	2,020,786	37,720,875	1.03
1861.............	29,738,243	251,745	1,857,707	28,132,281	0.75
1862.............	37,109,636	121,319	1,893,913	35,337,042	0 94
1863.............	51,361,885	103,869	2,084,456	49,381,298	1 31
1864.............	50.653,422	120,036	2,336,137	48,437,321	1.28
1865.............	68,942,931	99,621	2,868,398	66,174,154	1.74
1866.............	63,838,000	81,892	3,273,902	60,645,990	1.59
1867.............	39,128,000	203,942	2,591,169	36,740,773	0.96
1868.............	52,098,000	395,020	2,806,413	49,686,607	1.30
1869.............	70,000,000	378,173	3,063,050	67,315,123	1.75
1870.............	54,535,000	126,610	2,866,005	51,795,605	1.35
1871.............	59,025,680	147,761	3,319,256	55,854,185	1.54
1872.............	54,920,181	518,440	3,429,970	52,008,651	1.44
1873.............	36,000,000	653,801	3,981,431	32,672,370	0.90
1874.............	69,937,266	680,635	3,232,484	67,385,417	1.84
1875.............	78,202,088	291,829	3,730,872	74,763,035	2.04
1876.............	44,306,172	676,400	3,330,911	41,651,661	1.13
1877.............	55,273,193	707,364	3,101,638	52,878,919	1.42
1878.............	50,636,968	1,602,881	2,794,987	49,444,862	1.33
1879.............	26,523,008	2,938,111	3,046,737	26,434,382	0.71
1880.............	33,915,679	7,220,574	2,487,581	48,648,672	1.30
1881.............	38,577,689	7,838,757	2,572,196	43,844,250	1.17
1882.............	38,825,325	7,536,739	2,618,276	43,743,788	1.16
1883.............	46,165,006	8,980,793	2,541,172	52,604,627	1.39
1884.............	35,595,397	8,129,874	2,471,765	41,253,506	1.08
1885.............	31,481,124	8,183,665	2,602,776	37,062,013	0.97
1886.............	30,386,234	11,010,895	2,709,253	37,687,876	0.98

PRODUCTION DES DENRÉES AGRICOLES POUR LA FRANCE ENTIÈRE DE 1850 À 1911. (Suite.)

VINS. —— PRODUCTION. COMMERCE ET CONSOMMATION. (Suite et fin.)

ANNÉES.	VINS.				
	PRODUCTION.	IMPORTATION.	EXPORTATION.	CONSOMMATION	
				TOTALE.	PAR HABITANT.
	hectolitres.	hectolitres.	hectolitres.	hectolitres.	hectolitres.
1887.............	25,365,441	12,282,286	2,402,216	35,245,511	0.92
1888.............	30,654,153	12,064,273	2,117,988	40,600,438	1.06
1889.............	24,031,771	10,474,862	2,165,803	32,388,830	0.84
1890.............	27,416,327	10,830,000	2.162,000	36,084,660	0.94
1891.............	30,140,000	12,278,000	2,049.000	40,369,000	1.06
1892.............	29,082,000	9,400,000	1,845.000	36,637,000	0.97
1893.............	50,070,000	5,895,000	1,569,000	54,396,000	1.43
1894.............	39,053,000	4,492,000	1,721,000	41,824,000	1.10
1895.............	26,688,000	6,337,000	1,697,000	31,328,000	0.83
1896.............	44,656,000	8,814.000	1,784,000	51,687,000	1.33
1897.............	32,351,000	7,531,000	1,775.000	38,107,000	0.98
1898.............	32,282,000	8,603,000	1,336,000	39,249,000	1.00
1899.............	47,908,000	8,466,000	1,717,000	54,657,000	1.40
1900.............	67,353,000	5,217,000	1,905,000	70,665,000	1.80
1901.............	57,964,000	3,708,000	2,022,000	59,650,000	1.53
1902.............	39,884,000	4,447,000	2,050,000	42,281,000	1.08
1903.............	35,402,000	5,874,000	1,727,000	39,549,000	1.00
1904.............	66,016,000	5,633,000	1,236,000	70,413,000	1.79
1905.............	56,666,000	5,175,000	2,606,000	53,236,000	1.52
1906.............	52,079,000	5,764,000	2,110,000	55,733,000	1.42
1907.............	66,070,000	5,923,000	2,788,000	69,204,000	1.76
1908.............	60,545,000	6,893,000	2,273,000	65,165,000	1.66
1909.............	54,446,000	6,185,000	2,279,000	58,352,000	1.49
1910.............	28,550,000	7,999,000	2,318,000	34,211,000	0.87
1911.............	45,044,000	9,031,000	1,463,000	52,612,000	1.31

PRODUCTION DES DENRÉES AGRICOLES POUR LA FRANCE ENTIÈRE DE 1840 À 1911.

ALCOOLS. — PRODUCTION ANNUELLE DES ALCOOLS (ALCOOL PUR).

ANNÉES.	ALCOOLS PROVENANT DE LA DISTILLATION								TOTAL.
	DES SUBSTANCES farineuses.	des MÉLASSES.	des BETTE-RAVES.	des VINS.	des CIDRES.	des MARCS et lies, etc.	des FRUITS.	DES SUBSTANCES diverses.	
	hectol.	hectol.	hectol.	hectol.	hectol.	hectol.	hectol.	hectol.	hectol.
1840-1850 (moyennes)	36,000	40,000	500	....	815,000	....		–	891,500
1853-1857 (moyennes)	69,000	137,000	300,000	....	165,000	....		–	671,000
1865-1869 (moyennes)	84,018	346,640	300,449	....	553,383	....		60,124	1,344,614
1870-1875 (moyennes)	108,483	582,443	313,771	....	539,762	....		46,611	1,591,070
1876	101,402	710,670	243,337	545,994	22,388	76,227	1,228	7,929	1,709,175
1877	163,204	642,709	272,883	157,570	9,468	56,191	1,060	5,796	1,308,881
1878	180,469	646,715	331,716	192,952	9,822	51,079	978	3,496	1,417,227
1879	247,171	723,631	364,714	102,651	9,265	36,831	438	5,178	1,487,879
1880	412,585	685,433	429,878	27,200	3,317	17,373	624	4,658	1,581,068
1881	506,273	685,646	563,240	34,324	2,291	24,621	603	4,289	1,821,287
1882	447,066	703,989	556,056	21,962	9,829	22,893	713	4,058	1,766,566
1883	561,932	750,637	629,998	22,710	8,088	28,918	1,408	7,325	2,011,016
1884	485,001	778,714	569,257	35,251	15,567	43,266	2,799	4,609	1,934,464
1885	567,768	728,523	465,451	23,240	20,908	43,853	7,680	7,091	1,864,514
1886	789,963	471,781	683,985	19,513	28,600	49,311	4,424	4,673	2,052,250
1887	765,050	451,826	672,352	32,758	18,595	41,872	2,386	25,796	2,005,635
1888	794,326	582,452	654,700	41,776	12,933	44,092	4,016	28,188	2,162,483
1889	751,266	559,911	824,090	42,140	15,298	43,881	2,820	6,557	2,245,963
1890	645,255	682,573	800,982	38,799	4,803	34,374	1,160	6,581	2,214,527
1891	392,537	838,645	866,406	51,133	7,759	37,748	5,878	8,013	2,208,119
1892	366,335	902,446	854,329	69,639	13,589	46,210	4,348	6,183	2,263,079
1893	457,877	896,572	861,099	100,829	44,761	74,773	28,222	12,254	2,476,387
1894	415,795	817,525	753,508	161,660	72,135	77,274	29,011	2,205	2,389,113
1895	386,604	846,403	744,325	61,202	45,717	62,592	14,698	3,907	2,165,448
1896	416,530	863,423	544,087	58,652	53,759	78,429	6,051	1,203	2,022,134
1897	484,637	734,819	798,484	83,719	26,579	72,909	6,311	682	2,208,140
1898	683,566	708,270	897,542	45,975	9,352	55,207	4,781	7,767	2,412,460

PRODUCTION DES DENRÉES AGRICOLES POUR LA FRANCE ENTIÈRE
DE 1840 À 1911. (Suite et fin.)

ALCOLS. — PRODUCTION ANNUELLE DES ALCOOLS (ALCOOL PUR). [Suite et fin.]

ANNÉES.	ALCOOLS PROVENANT DE LA DISTILLATION								TOTAL.
	DES SUBSTANCES farineuses.	des MÉLASSES.	des BETTERAVES.	des VINS.	des CIDRES.	des MARCS et lies, etc.	des FRUITS.	DES SUBSTANCES diverses.	
	hectol.	hectol.	hectol.	hectol.	hectol.	hectol.	hectol.	hectol.	hectol.
1899	714,772	667,493	1,047,320	76,994	19,799	68,663	2,893	1,624	2,599,558
1900	562,210	796,675	973,225	97,353	4,229	14,895	2,217	1,101	2,451,905
1901	269,033	1,006,933	578,622	272,403	4,224	19,283	800	740	2,152,038
1902	219,339	914,898	520,707	105,745	33,609	80,237	11,941	278	1,886,754
1903	352,928	670,969	926,159	30,208	8,507	54,913	3,159	207	2,047,040
1904	380,710	626,722	992,149	88,756	22,586	121,006	25,144	175	2,257,248
1905	589,344	516,173	1,002,429	262,725	.....	236,728	.....	1,227	2,608,626
1906	358,759	772,485	1,160,554	234,213	.....	182,677	.....	1,143	2,709,831
1907	454,142	466,608	1,145,433	239,877	.....	208,549	.....	201	2,514,810
1908	362,550	447,878	1,259,346	211,672	.....	256,224	.....	360	2,538,030
1909	356,731	477,255	1,173,583	199,900	.....	219,110	.....	147	2,426,726
1910	464,757	505,428	1,182,889	69,202	.....	168,640	.....	303	2,391,219
1911	661,811	503,696	1,015,728	54,571	.....	178,523	.....	734	2,415,133

PRODUCTION DES DENRÉES AGRICOLES

SUBDIVISIONS DES QUANTITÉS D'ALCOOL (ALCOOL PUR)

DÉSIGNATION DES PRODUITS.	QUANTITÉS TOTALES					
	1879.	1880.	1881.	1882.	1883.	1884.
	hectolitres.	hectolitres.	hectolitres.	hectolitres.	hectolitres.	hectolitres.
Alcools de chauffage et d'éclairage	"	"	"	"	"	"
Vernis	12,340	14,106	12,033	10,900	10,837	10,872
Alcools d'éclaircissage (ébénisterie)	2,742	2,694	4,058	6,026	6,026	6,591
Matières. { plastiques (celluloïd, etc.)	"	"	"	"	"	"
{ tinctoriales (chapellerie)	693	1,049	711	530	450	469
Gazogènes { pour l'éclairage	696	696	942	1,409	1,465	1,484
{ pour le chauffage	2,664	4,382	6,881	7,409	9,055	14,180
Insecticides	3	4	1	1	5	2
Teintures et couleurs	"	"	"	"	"	"
Présure liquide	"	"	"	"	"	"
Collodion (et soie artificielle à partir de 1901)	"	"	"	"	"	"
Chloroforme	"	"	"	"	"	"
Chloral	"	"	"	"	"	"
Tanins	"	"	"	"	"	"
Produits chimiques, pharmaceutiques et produits divers (éthers, extraits alcaloïdes, insecticides, savons transparents)	1,432	2,198	3,658	4,730	4,731	3,860
Usages scientifiques	"	"	"	"	"	"
Éthers, fulminates de mercure, explosifs	720	704	867	1,107	1,364	1,555
Usages divers	1,695	1,707	2,278	3,708	5,666	5,390
TOTAUX	22,985	27,540	31,428	36,481	39,601	43,803

DÉSIGNATION DES PRODUITS.	QUANTITÉS TOTALES					
	1895.	1896.	1897.	1898.	1899.	1900.
	hectolitres.	hectolitres.	hectolitres.	hectolitres.	hectolitres.	hectolitres.
Alcools de chauffage et d'éclairage	70,570	73,379	80,411	93,906	109,767	125,648
Vernis	11,845	12,488	13,233	13,657	17,396	14,762
Alcools d'éclaircissage (ébénisterie)	938	1,627	1,713	2,506	1,287	2,750
Matières. { plastiques (celluloïd, etc.)	2,200	2,806	3,508	9,635	9,430	7,198
{ tinctoriales (chapellerie)	555	600	570	384	304	413
Gazogènes { pour l'éclairage	"	"	"	"	"	"
{ pour le chauffage	"	"	"	"	"	"
Insecticides	"	"	"	"	"	"
Teintures et couleurs	184	216	176	185	188	156
Présure liquide	113	99	115	182	146	123
Collodion (et soie artificielle à partir de 1901)	141	107	96	115	123	186
Chloroforme	239	128	129	250	296	52
Chloral	167	159	126	137	210	308
Tanins	149	150	154	163	195	496
Produits chimiques, pharmaceutiques et produits divers (éthers, extraits, alcaloïdes, insecticides, savons transparents)	539	616	984	1,435	1,918	3,863
Usages scientifiques	327	361	383	559	492	386
Éthers, fulminates de mercure, explosifs	46,273	45,764	45,031	48,184	74,263	64,873
Usages divers	"	"	"	"	"	"
TOTAUX	134,240	138,560	146,529	173,298	216,015	221,214

POUR LA FRANCE ENTIÈRE DE 1879 À 1911.

SOUMISES AU DROIT DE DÉNATURATION DE 1879 À 1911.

SOUMISES AU DROIT DE DÉNATURATION PENDANT LES ANNÉES

1885.	1886.	1887.	1888.	1889.	1890.	1891.	1892.	1893.	1894.
hectolitres.	hectolitres.	hectolitres.	hectolitres.	hectolitres.	hectolitres.	hectolitres.	hectolitres.	hectolitres.	hectolitres.
»	»	»	»	»	41,430	51,773	57,022	58,692	67,224
10,065	10,209	9,815	9,782	9,619	12,470	11,781	10,876	11,740	11,205
7,865	10,181	9,688	9,047	8,663	2,510	4,214	1,145	1,715	1,253
»	»	»	»	»	1,820	1,363	1,316	1,603	1,276
489	378	327	307	747	635	592	523	801	575
1,917	1,882	1,949	2,332	2,613	»	»	»	»	»
16,754	19,628	24,604	27,466	31,767	»	»	»	»	»
1	2	6	14	4	»	»	»	»	»
»	»	»	»	»	432	210	377	450	268
»	»	»	»	»	98	115	82	108	104
»	»	»	»	»	210	198	175	199	162
»	»	»	»	»	196	280	215	304	286
»	»	»	»	»	152	167	125	129	121
»	»	»	»	»	109	130	118	140	153
4,296	6,798	29,853	48,677	45,769	676	640	598	623	605
»	»	»	»	»	231	255	280	237	333
1,782	2,106	2,491	2,380	2,345	48,873	37,064	32,095	30,198	37,186
6,116	8,011	6,667	7,058	6,709	»	»	»	»	»
49,285	59,196	85,400	107,063	108,240	109,842	105,782	104,947	106,939	120,798

SOUMISES AU DROIT DE DÉNATURATION PENDANT LES ANNÉES

1901.	1902.	1903.	1904.	1905.	1906.	1907.	1908.	1909.	1910.	1911.
hectolitres.	hectolitres.	hectolitres.	hectolitres.	hectolitres.	hectolitres.	hectolitres.	hectolitres.	hectolitres.	hectolitres.	hectolitres.
153,005	227,253	262,036	289,748	315,079	374,506	400,940	446,639	476,430	454,431	502,822
13,481	10,903	11,580	12,433	11,544	13,444	13,625	13,120	13,260	14,008	14,581
2,902	2,996	2,502	1,890	1,757	1,702	1,167	966	1,186	1,338	894
5,069	782	4,449	18,771	21,293	14,589	15,051	11,921	14,571	19,095	18,664
419	289	365	234	228	186	482	551	583	679	598
»	»	»	»	»	»	»	»	»	»	»
»	»	»	»	»	»	»	»	»	»	»
»	»	»	»	»	»	»	»	»	»	»
196	41	532	391	554	1,071	169	479	728	804	808
128	118	142	111	148	139	167	160	180	176	173
3,586	3,181	146	272	417	697	541	768	1,233	1,757	1,355
»	»	»	»	»	»	8,480	11,605	12,885	6,719	3,857
96	119	377	174	186	146	192	224	193	515	271
240	218	246	302	382	227	154	150	163	196	69
228	287	798	1,549	567	484	»	29	2	3	3
2,202	6,071	27,027	6,905	6,770	6,865	3,135	2,424	2,800	3,560	3,291
429	406	519	864	1,193	2,457	328	368	311	348	306
69,584	69,996	63,879	89,917	112,121	128,954	126,742	128,714	131,045	136,880	128,528
»	»	»	»	»	»	»	»	»	»	»
221,565	326,660	374,598	423,561	472,239	545,467	571,179	618,118	655,570	640,609	676,200

PRODUCTION DES DENRÉES AGRICOLES POUR LA FRANCE ENTIÈRE DE 1883 À 1911.

SUCRES [1].

CAMPAGNES DU 1ᵉʳ SEPTEMBRE AU 31 AOÛT.	FRANCE.			
	PRODUCTION.	IMPORTATION.	EXPORTATION.	CONSOMMATION.
	tonnes.	tonnes.	tonnes.	tonnes.
1883–1884...................	406,008	179,589	164.920	358,708
1884–1885...................	272,962	193,447	132,427	378,086
1885–1886...................	265,071	247,443	73,949	340,559
1886–1887...................	434,044	144,313	136,672	286,028
1887–1888...................	347,785	146,123	157,869	296,988
1888–1889...................	414,870	192,954	157,354	396,533
1889–1890...................	700,409	147,156	259,558	363,302
1890–1891...................	616,890	132,956	332,830	428,092
1891–1892...................	578,110	142,370	268,642	424,699
1892–1893...................	523,360	149,450	215,102	426,935
1893–1894...................	514,789	131,609	253,368	391,564
1894–1895...................	704,454	156,781	278,245	403,485
1895–1896...................	593,647	127,622	205,107	406,410
1896–1897...................	668,517	146,386	223,020	412,895
1897–1898...................	730,067	111,951	462,569	401,935
1898–1899...................	737,902	91,369	300,132	426,960
1899–1900...................	869,201	98,604	370,369	439,030
1900–1901...................	1,040,294	87,840	567,102	455,455
1901–1902...................	1,051,931	100,885	640,723	423,695
1902–1903...................	776,158	99,997	354,880	458,064
1903–1904...................	727,268	130,666	207,866	526,880
1904–1905...................	562,736	81,577	283,091	592,533
1905–1906...................	984,672	81,402	292,210	526,111
1906–1907...................	682,851	101,191	276,113	580,989
1907–1908...................	656,832	108,031	275,339	585,995
1908–1909...................	723,082	115,333	211,075	596,576
1909–1910...................	733,902	99,322	234,719	615,188
1910–1911...................	650,494	145,792	143,981	690,375

[1] Chiffres extraits des publications de la Commission permanente des sucres.

ANIMAUX DE FERME (EXISTENCES).

ANNÉES.	ESPÈCE CHEVALINE (ADULTES et JEUNES).	ESPÈCE MULASSIÈRE (ADULTES et JEUNES).	ESPÈCE ASINE (ADULTES et JEUNES).	ESPÈCE BOVINE. TAUREAUX.	BŒUFS.	VACHES.	ÉLÈVES de 1 an et AU-DESSUS.	ÉLÈVES DE MOINS de 1 an.	TOTAL de L'ESPÈCE.
	têtes.	têtes.	têtes.	têtes.	têtes.	têtes.	têtes.	têtes.	têtes.
1840............	2,818,496	373,841	413,519	399,026	1,968,838	5,501,825	2,066,849	1,825,008	11,761,538
1852............	2,866,054	315,831	380,180	289,097	1,861,362	5,781,465	2,161,813	1,817,000	11,970,737
1862............	2,914,412	330,987	396,237	339,348	2,041,252	6,408,261	1,168,412	1,856,306	12,811,589
1882............	2,837,952	250,673	395,853	313,592	1,881,572	6,587,639	2,073,950	2,140,301	12,997,054
1883............	2,852,187	268,062	390,466	2,395,218		7,463,443		1,935,351	11,794,012
1884............	2,885,710	255,692	398,408	2,534,066		7,672,045		1,811,682	12,017,793
1885............	2,911,392	238,620	387,227	322,399	1,873,675	6,414,487	2,255,472	2,238,837	13,104,970
1886............	2,938,489	242,763	382,110	333,834	1,901,321	6,319,771	2,413,125	2,306,970	13,275,021
1887............	2,908,527	237,376	386,478	331,553	1,889,946	6,401,942	2,424,459	2,347,359	13,395,959
1888............	2,891,819	230,338	375,301	312,213	1,892,021	6,438,701	2,420,320	2,316,113	13,377,368
1889............	2,881,153	234,622	376,366	319,217	1,914,197	6,469,460	2,469,853	2,345,525	13,518,252
1890............	2,862,273	230,612	371,936	320,907	1,912,412	6,509,325	2,460,351	2,359,690	13,662,585
1891............	2,883,460	230,877	364,887	333,988	1,912,975	6,557,532	2,474,001	2,382,937	13,661,533
1892............	2,794,529	217,088	368,695	284,828	1,814,455	6,673,460	2,632,317	2,313,937	13,708,997
1893............	2,767,648	215,755	357,965	286,930	1,671,025	6,005,246	2,247,374	1,944,016	12,154,641
1894............	2,807,042	218,762	359,879	293,930	1,798,250	6,229,434	2,374,122	2,183,504	12,879,240
1895............	2,812,447	211,479	357,778	298,042	1,836,281	6,359,795	2,443,948	2,295,762	13,233,828
1896............	2,849,658	208,791	360,521	303,888	1,842,437	6,351,491	2,513,931	2,322,884	13,334,631
1897............	2,899,131	205,715	361,414	301,655	1,893,266	6,444,238	2,573,537	2,343,823	13,486,519
1898............	2,894,379	208,227	361,728	300,840	1,815,990	6,473,489	2,637,265	2,191,103	13,418,687
1899............	2,917,160	204,750	357,820	308,210	1,858,070	6,545,850	2,697,910	2,140,840	13,550,880
1900............	2,903,063	205,002	356,239	319,607	1,855,234	7,819,582	2,798,696	1,727,713	14,520,832
1901............	2,926,382	200,310	354,642	308,252	1,823,179	8,068,857	2,771,925	1,701,597	14,673,810
1902............	3,028,478	206,127	363,971	293,332	1,746,750	8,317,924	2,786,312	1,784,232	14,928,550
1903............	3,082,063	208,415	357,258	286,683	1,764,412	7,466,583	2,653,003	1,934,409	14,105,090
1904............	3,138,507	200,727	362,545	288,008	1,752,005	7,438,464	2,724,941	1,933,451	14,136,869
1905............	3,169,224	198,865	365,181	281,998	1,778,584	7,515,564	2,741,390	1,998,016	14,315,552
1906............	3,165,025	195,297	361,856	278,775	1,748,210	7,377,191	2,679,796	1,884,042	13,968,014
1907............	3,094,698	191,715	361,073	272,876	1,775,433	7,336,214	2,676,140	1,879,059	13,949,722
1908............	3,215,050	194,010	363,090	272,400	1,808,000	7,520,750	2,715,440	1,923,140	14,239,730
1909............	3,236,130	194,270	361,440	274,930	1,802,090	7,538,720	2,732,470	1,949,370	14,297,570
1910............	3,197,720	192,740	360,710	269,270	1,889,660	7,596,250	2,804,180	1,972,670	14,532,030
1911............	3,236,110	194,040	360,590	274,040	1,821,560	7,606,670	2,778,760	1,954,500	14,435,530

ANIMAUX DE FERME (EXISTENCES). [Suite.]

ANNÉES.	ESPÈCE OVINE.						ESPÈCE PORCINE (ADULTES et JEUNES).	ESPÈCE CAPRINE (ADULTES et JEUNES).
	BÉLIERS AU-DESSUS de 2 ans.	MOUTONS AU-DESSUS de 2 ans.	BREBIS AU-DESSUS de 2 ans.	AGNEAUX et AGNELLES de 1 an à 2 ans.	AGNEAUX et AGNELLES de moins de 1 an.	TOTAL de L'ESPÈCE.		
	têtes.	têtes.	têtes.	têtes.	têtes.	têtes.	têtes.	têtes.
1840	575,715	9,462,180	14,804,946	7,308,589		32,151,430	4,910,721	964,300
1852	452,575	9,613,446	14,496,015	8,719,556		33,281,592	5,246,403	1,337,940
1862	503,053	9,378,087	14,572,430	5,076,108		29,529,678	6,037,543	1,796,398
1882	389,834	5,299,728	9,758,528	2,836,585	5,562,758	23,809,438	7,146,996	1,851,134
1883	–	–	–	–	u	21,639,657	5,847,405	1,462,173
1884	–	–	–	–	–	22,327,697	5,880,599	1,552,599
1885	336,844	4,684,139	9,144,978	3,395,329	5,055,257	22,616,547	5,881,088	1,483,342
1886	332,336	4,376,688	9,043,964	3,784,574	5,150,668	22,688,230	5,774,924	1,420,112
1887	338,195	4,367,393	9,103,389	3,810,685	5,260,528	22,880,190	5,978,916	1,544,546
1888	307,343	4,247,818	9,031,427	3,747,014	5,297,018	22,630,620	5,846,578	1,545,580
1889	311,769	4,133,538	8,990,505	3,816,576	4,744,343	21,996,731	6,037,743	1,505,470
1890	316,225	4,107,949	8,898,674	3,735,035	4,600,533	21,658,416	6,017,238	1,505,090
1891	302,481	3,990,865	8,903,864	3,836,880	4,757,819	21,791,909	6,096,232	1,480,229
1892	328,245	3,887,449	8,804,401	2,794,979	5,300,639	21,115,713	7,421,073	1,845,088
1893	287,827	3,492,724	8,400,851	3,484,951	4,609,363	20,275,716	5,860,592	1,466,451
1894	298,133	3,557,887	8,543,626	3,562,488	4,759,766	20,721,850	6,038,372	1,484,921
1895	297,419	3,601,039	8,606,077	3,690,600	4,968,632	21,163,767	6,306,019	1,509,502
1896	294,700	3,561,038	8,620,200	3,657,166	5,057,499	21,190,603	6,402,370	1,499,005
1897	301,796	3,581,864	8,759,457	3,638,030	5,163,966	21,445,113	6,262,764	1,495,756
1898	315,972	3,611,499	8,884,804	3,740,851	4,724,456	21,277,582	6,230,966	1,501,658
1899	315,680	3,568,190	9,000,820	3,797,550	4,675,420	21,857,660	6,305,200	1,504,390
1900	290,042	3,265,248	9,017,544	3,863,767	3,742,960	20,179,561	6,740,405	1,557,925
1901	288,467	3,058,018	8,847,866	3,893,283	3,582,048	19,669,682	6,758,198	1,529,280
1902 [1]	226,630	2,405,960	8,822,402	3,617,945	3,403,851	18,476,788	7,209,174	1,532,007
1903 [1]	278,908	3,336,629	9,878,364	–	4,460,329	17,954,230	7,560,650	1,562,608
1904 [1]	295,849	3,234,426	9,897,800	–	4,372,890	17,800,965	7,522,383	1,461,616
1905 [1]	385,853	3,144,724	9,882,263	–	4,450,369	17,783,209	7,558,779	1,476,957
1906 [1]	307,285	3,023,863	9,811,092	–	4,319,157	17,461,397	7,049,012	1,456,866
1907 [1]	298,265	3,022,720	9,863,100	–	4,276,199	17,460,284	6,995,124	1,421,009
1908 [1]	307,600	2,960,270	9,863,230	–	4,325,280	17,456,380	7,202,430	1,424,870
1909 [1]	307,520	2,900,470	9,813,250	–	4,336,400	17,357,640	7,305.850	1,418,000
1910 [1]	300,900	2,809,870	9,753,700	–	4,245,290	17,110,760	6,900,230	1,417,710
1911 [1]	298,990	2,657,090	9,436,100	–	4,033,150	16,425,330	6,719,570	1,424,180

(1) Béliers. moutons et brebis (au-dessus d'un an).

IMPORTATIONS ET EXPORTATIONS

DES ANIMAUX DE FERME.

IMPORTATIONS ET EXPORTATIONS DES ANIMAUX DE FERME.

ANNÉES.	ESPÈCE CHEVALINE. Nombre d'animaux		ESPÈCE MULASSIÈRE. Nombre d'animaux		ESPÈCE ASINE. Nombre d'animaux		ESPÈCE BOVINE. Nombre d'animaux		ESPÈCE OVINE. Nombre d'animaux		ESPÈCE PORCINE. Nombre d'animaux		ESPÈCE CAPRINE. Nombre d'animaux	
	Importés.	Exportés.	Importés.	Exportés.	Importés.	Exportés.	Importés.	Exportés.	Importés.	Exportés.	Importés.	Exportés.	Importés.	Exportés.
1831	26,611	2,996	838	10,435	1,446	759	37,875	7,556	110,446	22,417	130,846	17,001	4,489	1,197
1832	10,428	2,726	484	11,184	1,431	543	29,668	7,157	95,630	21,559	120,447	18,382	5,477	1,053
1833	10,271	3,753	910	16,602	1,547	670	28,181	9,777	95,951	28,398	159,215	28,019	5,476	1,757
1834	9,975	4,138	758	11,141	1,195	782	28,591	10,203	158,576	34,028	182,918	35,769	6,448	1,875
1835	8,335	3,636	784	10,751	1,275	598	29,993	9,131	155,586	26,481	125,191	43,677	5,547	2,002
1836	17,634	3,419	828	16,036	1,750	800	32,348	20,863	170,353	36,110	138,371	49,220	5,891	3,435
1837	19,200	3,830	781	15,181	1,539	858	29,964	29,810	128,099	38,072	144,357	37,242	6,294	2,206
1838	22,450	5,181	624	18,142	1,526	1,512	35,757	14,965	141,737	42,649	183,066	27,112	6,163	2,713
1839	22,965	5,814	603	17,300	1,437	2,933	41,641	12,989	151,303	55,632	179,418	34,497	6,473	2,949
1840	32,897	9,566	1,018	19,996	1,672	2,662	38,959	12,527	135,012	92,240	130,986	36,761	8,080	2,742
1841	34,030	8,416	484	17,839	1,873	2,023	58,152	11,150	154,177	67,621	203,013	31,438	7,997	1,568
1842	23,296	6,719	492	15,926	2,046	944	50,176	10,548	185,301	46,319	149,230	28,172	8,516	1,989
1843	23,324	6,573	425	17,066	2,326	978	48,522	11,033	131,991	39,239	136,973	34,585	6,214	1,919
1844	28,049	6,075	505	18,218	2,021	1,161	55,853	10,293	157,664	35,721	142,172	41,509	7,538	1,874
1845	28,486	6,257	575	19,374	1,880	857	47,970	11,496	152,560	41,719	111,158	45,760	7,966	1,503
1846	27,676	5,620	669	15,530	1,616	787	40,855	18,816	147,773	53,882	59,383	42,836	8,780	2,580
1847	23,256	5,122	376	12,710	1,496	533	37,950	24,370	106,083	48,154	127,510	20,064	7,988	1,455
1848	16,594	5,836	167	17,012	625	553	29,264	21,197	66,382	44,651	126,084	29,371	6,569	1,135
1849	16,307	6,688	156	16,167	561	659	37,035	16,536	78,959	59,957	128,889	47,575	6,445	1,640
1850	18,151	7,099	195	15,292	576	659	33,527	17,461	79,157	54,134	90,205	58,665	6,822	1,647
1851	13,991	9,020	238	17,758	410	713	27,718	20,729	103,015	48,169	75,337	49,239	5,642	1,573
1852	16,155	8,622	425	19,609	489	574	25,658	21,542	106,280	48,971	86,584	43,239	6,997	1,719
1853	20,928	7,895	603	18,625	453	704	56,847	28,483	191,526	45,211	104,863	34,771	10,516	1,797
1854	22,038	2,589	1,116	17,103	1,042	967	124,530	29,342	278,688	51,425	123,615	37,123	11,915	1,922
1855	25,603	867	1,720	17,092	976	706	163,956	24,800	314,419	55,788	135,613	33,746	11,408	2,424
1856	20,272	3,581	1,294	21,594	1,250	803	143,648	26,027	333,272	53,190	121,949	43,698	9,766	1,907
1857	16,817	6,257	988	21,685	1,404	788	140,129	33,785	395,438	56,872	136,061	55,264	7,695	1,577
1858	13,750	7,090	720	20,098	750	428	101,820	34,900	344,579	54,850	158,885	45,853	7,165	1,333
1859	18,640	7,368	600	19,732	461	274	114,967	37,440	460,032	63,216	166,831	55,445	7,992	1,135
1860	15,677	9,978	703	19,109	704	257	130,619	43,315	484,103	65,117	151,404	75,599	4,913	1,049
1861	14,604	7,765	298	24,174	954	254	157,347	37,339	562,637	52,467	161,132	63,133	7,606	1,713
1862	12,097	7,181	274	22,487	862	333	160,820	41,657	550,713	49,441	204,824	44,245	7,910	1,910
1863	13,671	9,090	306	20,619	910	375	171,119	39,513	648,450	66,372	208,248	49,172	7,511	2,044
1864	14,193	16,466	802	20,264	773	259	184,653	37,793	783,998	88,420	146,415	100,061	8,200	2,768
1865	12,123	7,750	231	22,122	531	332	166,729	57,919	830,579	149,338	142,063	115,887	7,104	4,455
1866	13,958	20,279	541	22,693	549	559	143,183	100,379	783,896	191,879	94,545	76,201	8,553	3,198
1867	21,206	5,683	439	16,603	919	420	221,171	58,157	1,065,032	71,883	186,121	73,056	9,647	1,538
1868	14,959	6,440	318	13,367	630	281	249,827	40,424	1,541,952	41,309	181,798	61,290	7,638	2,432
1869	13,985	7,484	348	20,535	492	390	220,273	56,617	1,442,802	66,558	171,073	82,026	6,504	2,895
1870	20,048	4,624	573	15,120	315	416	131,630	30,805	568,637	51,206	139,217	62,116	5,010	1,709
1871	30,298	4,383	312	18,692	583	399	208,065	12,575	1,322,393	33,452	366,719	12,505	8,889	2,036
1872	13,807	15,913	621	13,079	1,444	1,246	195,273	33,158	1,749,660	60,681	273,313	92,391	8,726	2,967
1873	11,246	22,823	492	12,136	1,715	1,394	151,953	56,838	1,589,117	62,805	135,763	264,553	7,944	3,570
1874	10,290	23,701	330	12,253	1,206	944	125,588	75,850	1,145,377	67,601	151,381	223,135	7,022	5,391
1875	13,958	26,157	411	14,892	1,263	1,230	135,176	97,848	1,303,461	81,371	164,306	148,564	8,611	5,071
1876	14,689	23,190	541	11,887	1,419	1,177	191,453	92,075	1,583,256	71,817	221,051	124,101	11,029	6,912
1877	15,380	23,020	892	11,081	2,397	719	242,799	76,485	1,523,715	58,934	233,116	83,310	9,198	3,702

IMPORTATIONS ET EXPORTATIONS DES ANIMAUX DE FERME. (Suite et fin.)

ANNÉES.	ESPÈCE CHEVALINE.		ESPÈCE MULASSIÈRE.		ESPÈCE ASINE.		ESPÈCE BOVINE.		ESPÈCE OVINE.		ESPÈCE PORCINE.		ESPÈCE CAPRINE.	
	NOMBRE D'ANIMAUX		NOMBRE D'ANIMAUX		NOMBRE D'ANIMAUX		NOMBRE D'ANIMAUX		NOMBRE D'ANIMAUX		NOMBRE D'ANIMAUX		NOMBRE D'ANIMAUX	
	IMPORTÉS.	EXPORTÉS.	IMPORTÉS.	EXPORTÉS.	IMPORTÉS.	EXPORTÉS.	IMPORTÉS.	EXPORTÉS.	IMPORTÉS.	EXPORTÉS.	IMPORTÉS.	EXPORTÉS.	IMPORTÉS.	EXPORTÉS.
1878	21,070	19,575	659	8,986	2,512	553	305,792	58,814	2,356,149	39,702	204,015	82,105	7,510	2,869
1879	28,762	7,648	449	13,725	2,563	458	253,451	42,546	2,029,772	32,976	205,518	87,322	6,587	2,885
1880	24,984	9,628	492	17,913	2,946	940	196,514	59,307	2,085,360	33,579	253,416	54,059	7,344	3,514
1881	22,152	10,844	930	15,658	4,804	1,323	150,342	76,065	1,721,421	32,745	249,481	56,284	6,279	3,243
1882	20,406	13,180	781	10,547	2,366	704	194,495	85,631	2,166,567	31,346	155,640	64,907	5,625	2,849
1883	19,185	16,312	651	18,973	3,092	868	215,824	68,366	2,289,385	29,512	136,368	101,760	5,861	4,236
1884	14,704	18,033	346	15,330	2,046	631	176,766	63,519	2,109,569	27,031	127,971	131,327	5,030	3,430
1885	12,021	25,502	230	17,988	2,276	713	152,061	58,122	1,956,124	31,024	124,582	89,295	3,699	3,624
1886	11,691	28,337	217	20,311	2,300	754	154,712	62,898	1,629,421	41,161	163,836	55,013	3,110	3,893
1887	10,212	34,518	301	18,291	2,474	629	99,029	93,016	1,259,612	50,732	141,996	46,377	4,457	3,875
1888	12,115	37,933	315	22,107	1,781	484	74,257	92,755	1,513,289	38,730	72,038	114,077	3,144	4,380
1889	12,157	35,862	261	20,815	1,621	762	81,375	88,646	1,348,631	16,579	69,576	202,520	1,935	3,330
1890	14,258	28,418	366	15,228	2,745	596	99,576	59,129	1,142,036	10,463	93,872	86,252	3,992	2,780
1891	16,007	24,103	530	13,886	2,568	494	82,735	47,372	1,171,275	9,668	50,380	52,550	2,032	2,798
1892	14,343	21,702	371	15,022	2,682	326	36,657	55,676	1,401,013	11,018	21,381	144,783	1,358	3,070
1893	15,269	24,191	920	12,305	1,918	430	20,308	54,558	1,195,955	13,650	4,016	201,209	734	3,588
1894	21,031	22,416	1,037	9,785	3,658	295	201,505	17,892	1,993,091	5,988	49,424	40,342	1,311	3,331
1895	36,467	21,484	1,648	7,010	6,514	319	148,993	21,127	1,786,967	9,666	84,939	16,758	2,713	2,781
1896	32,912	20,945	1,482	7,079	4,369	277	86,612	19,224	1,342,273	9,158	75,713	41,538	1,501	2,394
1897	37,111	23,841	2,003	6,819	4,412	252	58,988	90,644	1,363,296	11,865	7,279	100,935	1,616	2,233
1898	25,864	20,669	2,296	5,362	5,535	206	50,254	31,146	1,407,802	12,182	19,458	50,880	1,749	2,258
1899	28,086	20,873	2,602	8,875	6,358	357	32,516	31,540	1,195,609	12,304	22,092	19,069	679	3,300
1900	17,207	20,487	2,197	7,832	3,779	456	23,444	39,076	1,094,068	12,055	9,006	19,049	931	3,487
1901	17,420	23,290	2,387	8,780	3,623	301	36,461	34,279	1,314,967	12,843	8,178	32,874	1,632	3,480
1902	17,561	23,227	1,934	9,597	3,492	323	43,793	35,751	1,511,088	17,559	7,662	37,968	2,670	4,488
1903	19,022	19,089	1,889	10,127	4,355	400	42,475	35,594	1,664,176	18,716	12,396	58,089	3,831	3,176
1904	16,950	18,970	2,005	9,707	4,908	269	23,544	48,286	1,161,875	18,765	6,570	74,662	2,877	2,951
1905	17,944	21,140	2,248	8,924	5,355	378	27,684	45,326	959,724	21,666	9,263	57,725	1,087	2,538
1906	14,529	28,314	2,093	15,722	4,933	563	21,009	79,888	1,045,345	34,268	19,507	59,367	1,254	3,345
1907	11,244	30,213	1,860	14,426	4,060	481	31,891	52,293	1,184,441	35,914	430,116	27,859	2,815	2,660
1908	12,367	25,662	2,753	13,817	5,290	568	69,309	50,768	1,372,760	36,771	262,596	27,812	2,749	2,923
1909	12,490	25,491	2,711	13,379	4,126	435	44,171	49,292	1,211,589	33,822	19,348	94,528	3,113	2,418
1910	11,237	30,774	1,808	14,423	3,681	454	44,777	154,696	1,272,812	40,429	18,134	130,088	2,355	2,973
1911	9,624	35,046	1,414	17,760	3,869	426	24,772	165,239	970,590	45,380	218,971	33,355	1,393	2,764

VIANDES. —— IMPORTATIONS ET EXPORTATIONS. (FRANCE).

ANNÉES.	IMPORTATIONS		EXPORTATIONS		EXCÉDENTS D'IMPORTATION.	
	VIANDES FRAÎCHES dépecées.	VIANDES SALÉES et FUMÉES.	VIANDES FRAÎCHES dépecées.	VIANDES SALÉES et FUMÉES.	VIANDES FRAÎCHES dépecées.	VIANDES SALÉES et FUMÉES.
	kilogr.	kilogr.	kilogr.	kilogr.	kilogr.	kilogr.
1862	879,016	7,391,023	108,864	3,477,004	770,152	3,914,019
1863	1,154,389	18,889,329	125,630	4,350,965	1,028,759	9,538,364
1864	1,462,670	3,249,314	205,091	5,124,091	1,257,579	− 1,874,777
1865	1,355,160	1,103,277	380,917	6,411,234	974,243	− 5,307,957
1866	1,282,169	969,954	441,598	6,019,624	840,571	− 5,049,670
1867	1,746,274	3,682,208	245,203	4,797,477	1,501,071	− 1,115,269
1868	2,179,267	2,816,097	179,444	4,099,162	1,999,823	− 1,283,065
1869	2,906,788	1,719,602	421,033	4,519,623	2,485,755	− 2,800,021
1870	1,888,602	12,574,251	275,959	3,423,637	1,612,643	9,150,614
1871	796,739	29,297,183	116,672	4,994,364	680,067	24,302,819
1872	1,471,361	20,721,560	482,120	10,815,827	989,241	9,905,733
1873	2,049,326	19,668,434	1,077,567	3,789,994	971,759	15,878,440
1874	3,324,516	8,574,116	1,493,899	3,671,893	1,830,617	4,902,223
1875	6,243,972	3,733,149	2,128,298	3,254,456	4,115,674	478,693
1876	7,875,448	8,194,862	1,524,012	3,007,734	6,351,436	5,187,128
1877	5,278,586	16,693,349	1,018,268	2,529,575	4,260,318	14,163,774
1878	5,239,465	32,622,884	818,568	2,155,273	4,420,897	30,467,611
1879	5,850,131	36,192,941	584,026	2,302,242	5,266,105	33,890,699
1880	7,518,539	40,001,733	547,195	2,062,578	6,971,344	37,939,155
1881	5,745,149	26,631,358	841,958	2,776,266	4,903,191	23,855,092
1882	6,045,615	8,909,573	919,546	2,545,153	5,126,069	6,364,420
1883	6,233,074	7,554,109	1,087,060	3,003,388	5,146,014	4,550,821
1884	6,386,520	4,817,142	729,849	4,043,377	5,656,671	775,706
1885	8,214,991	8,263,098	676,695	3,803,339	7,538,296	4,459,759
1886	9,470,598	14,894,267	698,050	2,953,187	8,772,548	11,941,080
1887	11,580,978	7,646,596	663,488	2,905,521	10,917,490	4,741,075
1888	11,214,304	7,453,917	1,641,904	2,979,082	9,572,400	4,474,835
1889	17,507,515	8,835,002	2,210,309	3,572,679	15,297,206	5,262,323
1890	24,891,339	10,523,490	1,785,783	3,203,943	23,105,556	7,319,553
1891	29,552,640	9,220,469	1,735,675	2,991,320	27,816,965	6,229,149
1892	7,394,250	11,460,821	1,902,214	2,592,267	5,492,036	8,868,554
1893	3,215,338	4,860,846	3,673,915	2,668,754	− 458,577	2,192,092
1894	10,618,323	9,053,296	1,931,746	2,063,570	8,686,577	6,989,726
1895	15,037,155	7,762,392	1,313,508	2,037,222	13,723,647	5,725,170
1896	8,362,898	8,055,764	1,797,114	1,969,895	6,565,784	6,085,869
1897	4,612,022	5,784,943	3,595,620	2,382,341	1,016,402	3,402,602
1898	5,078,978	8,168,516	3,656,329	2,474,576	1,422,649	5,693,940
1899	8,951,454	12,823,639	3,389,000	2,323,602	5,562,454	10,500,037
1900	6,999,757	9,429,053	3,674,202	3,114,952	3,325,555	6,314,141
1901	2,522,364	5,468,540	4,782,923	2,898,596	−2,260,559	2,569,944
1902	2,062,001	4,885,470	4,939,197	3,546,915	−2,877,196	1,338,555
1903	1,964,945	4,785,544	3,769,954	2,722,725	−1,805,009	2,062,819
1904	1,222,061	4,019,375	3,361,578	1,436,083	−2,139,517	2,583,292
1905	1,247,143	3,977,263	3,635,099	1,827,204	−2,780,120	1,807,895
1906	951,536	4,033,226	4,569,278	1,479,434	−3,081,690	3,089,844
1907	1,178,478	7,568,222	3,566,598	940,000	−6,389,744	2,626,598
1908	1,734,132	7,495,612	2,698,300	1,002,800	−5,761,480	4,797,312
1909	1,400,800	4,848,700	3,650,000	2,617,100	−3,447,900	1,198,700
1910	1,487,400	6,197,700	4,234,800	3,046,600	−4,710,300	1,962,900
1911	8,890,100	3,277,400	8,246,500	1,021,200	5,612,700	7,225,300

PRIX DU BLÉ EN FRANCE.

ANNÉES.	PRIX de L'HECTOLITRE.	PRIX du QUINTAL.	ANNÉES AGRICOLES. Du 1er août au 31 juillet.	PRIX de L'HECTOLITRE.	
	fr. c.	fr. c.		fr. c.	
1801	22 19	28 81	1800–1801	21 51	
1802	25 14	32 64	1801–1802	23 83	
1803	22 88	29 71	1802–1803	24 76	
1804	18 36	23 84	1803–1804	19 25	
1805	20 22	26 25	1804–1805	18 97	
1806	20 00	25 97	1805–1806	20 76	
1807	18 60	24 15	1806–1807	19 42	
1808	16 67	21 64	1807–1808	17 35	
1809	15 17	19 70	1808–1809	15 33	
1810	20 26	26 31	1809–1810	16 89	
1811	26 33	34 19	1810–1811	24 40	
1812	33 00	42 85	1811–1812	32 84	
1813	22 82	29 63	1812–1813	26 68	
1814	17 73	23 02	1813–1814	17 70	
1815	19 53	25 36	1814–1815	18 13	
1816	28 31	36 76	1815–1816	24 42	
1817	36 16	46 96	1816–1817	35 79	
1818	24 65	32 01	1817–1818	28 33	
1819	18 42	23 92	1818–1819	21 24	
1820	19 13	25 51	1819–1820	17 56	
1821	17 79	23 72	1820–1821	19 36	
1822	15 49	20 66	1821–1822	15 60	
1823	17 52	23 36	1822–1823	17 26	
1824	16 22	21 63	1823–1824	16 61	
1825	15 74	20 99	1824–1825	15 63	
1826	15 85	21 14	1825–1826	15 90	
1827	18 21	23 28	1826–1827	16 41	
1828	22 03	29 38	1827–1828	21 22	
1829	22 59	30 00	1828–1829	22 75	
1830	22 39	30 05	1829–1830	21 99	
1831	22 10	29 95	1830–1831	22 39	
1832	21 85	28 65	1831–1832	23 25	
1833	16 62	21 80	1832–1833	17 88	
1834	15 25	20 20	1833–1834	15 46	
1835	15 25	20 16	1834–1835	15 43	
1836	17 32	23 90	1835–1836	15 90	
1837	18 53	24 57	1836–1837	18 60	
1838	19 51	25 83	1837–1838	18 44	
1839	22 14	28 90	1838–1839	21 29	
1840	21 84	28 40	1839–1840	23 10	

PRIX DU BLÉ EN FRANCE. (Suite.)

ANNÉES.	PRIX de L'HECTOLITRE.	PRIX du QUINTAL.	ANNÉES AGRICOLES.	PRIX de L'HECTOLITRE.	
	fr. c.	fr. c.	du 1er août au 31 juillet.	fr. c.	
1841............	18 54	24 95	1840–1841.......	18 64	
1842............	19 55	25 43	1841–1842.......	19 30	
1843............	20 46	27 40	1842–1843.......	20 18	
1844............	19 75	25 96	1843–1844.......	20 63	
1845............	19 75	26 44	1844–1845.......	18 60	
1846............	24 05	31 70	1845–1846.......	22 05	
1847............	29 01	38 22	1846–1847.......	30 77	
1848....	16 65	21 83	1847–1848.......	19 29	
1849............	15 37	20 20	1848–1849.......	15 63	
1850............	14 32	19 12	1849–1850.......	14 47	
1851............	14 48	19 04	1850–1851.......	14 37	
1852............	17 23	23 28	1851–1852.......	16 08	
1853............	22 39	29 64	1852–1853.......	18 21	
1854............	28 82	38 31	1853–1854.......	29 47	
1855............	29 32	88 94	1854–1855.......	26 75	
1856............	30 75	40 47	1855–1856.......	31 47	
1857............	24 37	31 50	1856–1857.......	28 85	
1858............	16 75	21 87	1857–1858.......	18 26	
1859............	16 74	22 26	1858–1859.......	16 12	
1860............	20 24	26 88	1859–1860.......	18 58	
1861............	24 55	32 36	1860–1861.......	22 30	
1862............	23 24	30 50	1861–1862.......	25 28	
1863............	19 78	25 55	1862–1863.......	21 14	
1864............	17 58	23 54	1863–1864.......	18 28	
1865............	16 41	21 88	1864–1865.......	16 50	
1866............	19 61	26 33	1865–1866.......	17 06	
1867............	26 19	34 74	1866–1867.......	24 10	
1868............	26 64	34 09	1867–1868.......	28 90	
1869............	20 33	26 64	1868–1869.......	21 26	
1870............	20 56	26 70	1869–1870.......	20 21	
1871............	25 65	34 16	1870–1871.......	23 45	
1872............	23 15	30 58	1871–1872.......	24 82	
1873............	25 62	33 57	1872–1873.......	23 07	
1874............	25 11	32 66	1873–1874.......	28 41	
1875............	19 32	23 54	1874–1875.......	19 46	
1876............	20 59	26 59	1875–1876.......	20 04	
1877............	23 44	31 09	1876–1877.......	22 30	
1878............	23 00	29 96	1877–1878.......	23 66	
1879............	21 72	28 20	1878–1879.......	21 45	
1880............	22 85	29 96	1879–1880.......	23 55	

PRIX DU BLÉ EN FRANCE. (Suite et fin.)

ANNÉES.	PRIX de L'HECTOLITRE.	PRIX du QUINTAL.	ANNÉES AGRICOLES. du 1ᵉʳ août au 31 juillet.	PRIX de L'HECTOLITRE.	
	fr. c.	fr. c.		fr. c.	
1881............	22 06	28 82	1880–1881........	21 31	
1882............	21 77	27 69	1881–1882........	23 07	
1883............	19 21	24 83	1882–1883........	19 48	
1884............	17 89	23 10	1883–1884........	18 84	
1885............	16 82	21 71	1884–1885........	16 92	
1886............	16 97	22 84	1885–1886........	16 89	
1887............	18 12	23 41	1886–1887........	17 84	
1888............	18 87	24 79	1887–1888........	18 29	
1889............	18 50	24 00	1888–1889........	18 84	
1890............	19 07	24 98	1889–1890........	18 83	
1891............	20 43	27 12	1890–1891........	19 82	
1892............	18 32	23 59	1891–1892........	19 58	
1893............	16 62	21 38	1892–1893........	17 02	
1894............	15 47	19 85	1893–1894........	16 12	
1895............	14 56	18 62	1894–1895........	14 70	
1896............	14 72	19 20	1895–1896........	14 49	
1897............	18 86	24 84	1896–1897........	16 16	
1898............	20 36	25 47	1897–1898........	22 11	
1899............	15 35	19 68	1898–1899........	16 54	
1900............	14 63	19 08	1899–1900........	14 50	
1901............	15 35	20 07	1900–1901........	14 83	
1902............	16 54	21 45	1901–1902........	16 36	
1903............	17 27	22 36	1902–1903........	17 20	
1904............	16 63	21 33	1903–1904........	16 30	
1905............	17 70	22 86	1904–1905........	17 70	
1906............	17 78	22 83	1905–1906........	17 62	
1907............	18 34	23 26	1906–1907........	18 09	
1908............	17 51	22 90	1907–1908........	17 86	
1909............	18 32	23 60	1908–1909........	18 09	
1910............	19 51	25 36	1909–1910........	18 46	
1911............	20 23	25 90	1910–1911........	20 59	
			1911–1912........	21 13	

COURS MOYEN DU QUINTAL DE BLÉ ET DE LA FARINE À PARIS.

(Cote officielle.)

BLÉ DU MARCHÉ DE PARIS. (Les 100 kilogrammes.)

| MOIS. | 1891. | 1892. | 1893. | 1894. | 1895. | 1896. | 1897. | 1898. | 1899. | 1900. | 1901. | 1902. |
	2	3	4	5	6	7	8	9	10	11	12	13
	fr. c.	fr. c.	fr. c.	fr. c.	fr. c.	fr. c.	fr. c.	fr. c.	fr. c.	fr. c.	fr. c.	fr. c.
Janvier	—	25 72	21 70	21 20	19 10	18 55	22 45	28 58	21 53	18 70	19 19	21 82
Février	—	25 54	21 53	20 58	19 17	18 88	22 20	29 07	22 03	20 09	19 52	21 26
Mars	—	25 12	20 83	20 14	20 13	18 37	21 50	28 81	20 67	20 00	18 78	21 48
Avril	—	24 01	20 87	20 41	19 06	18 24	21 76	30 41	21 01	20 21	18 72	22 12
Mai	—	24 06	21 44	19 20	19 96	18 77	23 02	30 28	20 87	19 85	19 79	22 01
Juin	—	23 59	21 31	18 88	19 53	20 04	23 37	27 05	30 09	20 62	20 12	23 15
Juillet	—	22 58	20 77	18 77	18 61	19 28	24 07	23 96	20 23	20 23	21 05	24 15
Août	—	22 33	20 87	18 64	19 54	18 65	28 37	22 02	19 63	20 06	21 99	22 12
Septembre	—	21 80	20 84	18 57	18 65	18 23	29 04	31 53	19 35	20 23	21 26	20 37
Octobre	—	21 78	20 37	17 28	18 88	20 19	29 04	21 82	18 66	19 92	20 84	21 65
Novembre	27 42	21 40	20 00	18 39	18 47	21 78	29 82	21 84	17 74	19 94	21 16	21 50
Décembre	26 83	21 05	20 54	18 52	18 55	21 64	29 90	20 76	18 43	20 03	22 21	21 02

BLÉ DU MARCHÉ DE PARIS. (Les 100 kilogrammes.) — BLÉ INDIGÈNE. MARCHÉ LIBRE. (Les 100 kilogrammes.)

| MOIS. | 1903. | 1904. | 1905. | 1906. | 1907. | 1908. | 1909. | 1910. | 1911. | | | |
	15	16	17	18	19	20	21	22	23	24	25	26
	fr. c.	fr. c.	fr. c.	fr. c.	fr. c.	fr. c.	fr. c.	fr. c.	fr. c.	fr. c.	fr. c.	fr. c.
Janvier	22 25	21 17	23 59	23 71	23 33	22 66	22 71	24 18	27 74			
Février	23 93	21 88	23 15	24 03	23 31	22 06	23 13	24 48	27 09			
Mars	22 85	21 85	23 44	24 01	23 00	22 25	24 20	24 72	26 97			
Avril	24 47	22 23	23 75	23 85	22 87	22 78	25 04	25 34	26 49			
Mai	24 99	20 90	24 53	23 67	24 60	23 09	26 52	25 22	28 10			
Juin	24 62	20 24	23 97	23 93	25 60	21 81	26 42	25 06	26 77			
Juillet	25 10	21 08	24 73	24 24	27 24	22 38	25 92	26 30	24 88			
Août	22 38	22 35	22 77	22 99	24 41	22 77	24 21	28 11	24 94			
Septembre	20 78	23 19	22 77	22 40	23 57	23 15	23 69	27 99	25 01			
Octobre	21 23	23 57	23 04	23 28	23 87	22 87	23 21	28 05	24 99			
Novembre	20 83	23 69	23 13	23 10	23 00	22 73	23 55	27 65	25 07			
Décembre	20 96	23 45	23 34	23 44	22 26	22 42	23 59	27 83	25 40			

COURS MOYEN DU QUINTAL DE BLÉ ET DE LA FARINE À PARIS. (Suite.)
(Cote officielle.)

MOIS.	FARINES HUIT MARQUES. (Sac de 157 kilogr.)								FARINES SUPÉRIEURES. (Sac de 157 kilogrammes.)		
	1874.	1875.	1876.	1877.	1878.	1879.	1880.	1881.	1874.	1875.	1876.
1	2	3	4	5	6	7	8	9	10	11	12
	fr. c.	fr. c.	fr. c.	fr. c.	fr. c.	fr. c.	fr. c.	fr. c.	fr. c.	fr. c.	fr. c.
Janvier	»	53 52	56 70	63 50	69 59	59 57	69 75	61 66	»	52 01	54 85
Février	»	51 93	57 41	60 35	65 61	58 86	68 39	61 47	»	49 97	54 88
Mars	»	52 31	58 98	58 77	66 32	60 14	66 86	62 75	»	50 21	56 50
Avril	»	53 23	60 00	65 03	67 83	60 38	64 57	63 23	»	50 91	57 25
Mai	»	53 41	62 80	69 04	68 04	59 10	66 80	63 88	»	50 43	60 38
Juin	»	55 85	62 75	65 79	65 14	59 04	65 92	65 48	»	52 63	60 59
Juillet	»	60 10	57 54	68 58	63 83	60 24	62 13	67 01	»	56 87	56 43
Août	»	62 33	58 24	68 60	66 85	61 70	60 85	70 40	»	59 67	56 42
Septembre	»	60 46	58 71	71 04	67 58	63 58	56 92	71 75	»	57 55	56 97
Octobre	»	59 94	60 10	69 55	63 72	71 14	59 36	»	»	57 02	57 57
Novembre	54 23	58 95	60 75	69 45	61 43	71 70	69 39	»	52 68	56 04	58 08
Décembre	54 09	58 62	63 49	69 19	59 99	71 89	63 84	»	52 93	56 33	60 22

MOIS.	FARINES SUPÉRIEURES. (Suite.) Sac de 157 kilogrammes. (Suite.)				Sac de 100 kilogrammes.		FARINES NEUF MARQUES. (Sac de 157 kilogrammes.)				
	1877.	1878.	1879.	1880.	1880.	1881.	1881.	1882.	1883.	1884.	
13	14	15	16	17	18	19	20	21	22	23	24
	fr. c.	fr. c.	fr. c.	fr. c.	fr. c.	fr. c.	fr. c.	fr. c.	fr. c.	fr. c.	fr. c.
Janvier	59 77	66 22	58 23	69 82	»	39 16	»	63 56	57 93	48 26	
Février	57 40	63 19	56 91	68 41	»	39 20	»	63 88	59 64	48 64	
Mars	56 63	64 33	58 04	68 03	»	39 13	»	61 74	56 76	48 66	
Avril	61 73	65 57	56 79	64 86	»	39 13	»	62 72	56 34	45 89	
Mai	66 27	64 40	56 90	66 21	»	39 12	»	62 92	57 21	46 68	
Juin	62 55	61 56	57 02	66 18	»	40 40	»	62 35	57 96	47 55	
Juillet	66 37	61 88	58 06	62 79	»	40 49	»	61 89	56 06	47 21	
Août	67 10	63 81	59 76	61 13	»	41 77	»	62 66	57 84	44 50	
Septembre	69 06	64 32	61 45	»	36 63	42 25	66 98	58 27	56 33	44 52	
Octobre	67 60	61 75	69 21	»	38 31	»	67 90	57 81	53 85	45 38	
Novembre	67 00	60 25	70 51	»	39 06	»	65 09	57 42	53 45	45 25	
Décembre	66 51	59 81	71 84	»	39 93	»	65 55	61 66	53 68	44 39	

COURS MOYEN DU QUINTAL DE BLÉ ET DE LA FARINE À PARIS. (Suite et fin.)

(Cote officielle.)

FARINES. SAC DE DOUZE MARQUES. 157 KILOGRAMMES.

MOIS.	1885.	1886.	1887.	1888.	1889.	1890.	1891.	1892.	1893.	1894.	1895.	1896.	1897.	1898.	1899.
	2	3	4	5	6	7	8	9	10	11	12	13	14	15	16
	fr. c.	fr. c.	fr. c.	fr. c.	fr. c.	fr. c.	fr. c.	fr. c.	fr. c.	fr. c.	fr. c.	fr. c.	fr. c.	fr. c.	fr. c.
Janvier	45 64	49 85	52 83	51 39	58 25	52 96	59 60	55 52	49 56	44 46	43 60	40 37	47 64	60 32	45 37
Février	46 43	47 80	51 61	51 99	56 96	52 49	60 03	54 78	48 11	43 11	43 81	41 09	46 88	62 13	45 08
Mars	47 30	47 27	52 49	52 29	56 25	53 01	60 92	53 68	46 65	42 29	42 93	40 75	44 99	62 73	43 15
Avril	47 15	47 50	53 90	53 60	53 66	54 12	64 96	51 49	46 34	43 40	41 65	40 03	44 48	64 71	42 90
Mai	47 58	46 81	56 75	52 65	52 80	53 96	63 25	52 74	46 92	39 94	43 97	39 27	45 32	65 82	43 37
Juin	46 72	46 77	57 28	52 32	54 43	55 39	63 07	52 90	46 66	40 05	45 08	40 15	45 83	59 89	43 15
Juillet	46 75	46 88	54 03	53 78	52 81	58 00	59 33	51 30	44 09	42 04	42 44	38 30	49 07	55 07	44 09
Août	44 18	49 75	47 13	58 42	53 81	58 80	61 53	51 33	44 32	43 14	42 11	39 37	57 71	53 76	42 60
Septembre	48 46	49 40	48 13	60 01	54 23	60 27	60 97	51 24	44 51	40 68	42 31	42 25	60 36	49 50	»
Octobre	47 98	50 70	48 37	63 65	52 66	58 89	60 23	51 84	43 05	39 47	43 39	42 44	61 69	47 66	»
Novembre	47 28	50 76	49 37	61 00	50 83	58 18	60 50	48 61	42 27	41 48	41 80	46 46	62 22	47 35	»
Décembre	46 89	52 99	50 92	60 14	53 39	58 94	58 31	47 90	43 81	42 14	41 18	46 51	61 70	45 38	»

FARINES. SAC DE FLEUR DE PARIS. 100 KILOGRAMMES.

MOIS.	1899.	1900.	1901.	1902.	1903.	1904.	1905.	1906.	1907.	1908.	1909.	1910.	1911.	1912.
17	18	19	20	21	22	23	24	25	26	27	28	29	30	31
	fr. c.	fr. c.	fr. c.	fr. c.	fr. c.	fr. c.	fr. c.	fr. c.	fr. c.	fr. c.	fr. c.	fr. c.	fr. c.	fr. c.
Janvier	»	24 65	24 73	27 73	29 27	29 23	31 01	30 70	26 34	30 16	29 46	31 95	37 10	
Février	»	26 20	25 04	26 65	31 02	30 07	29 83	30 10	29 77	29 64	30 38	32 97	36 56	
Mars	»	26 02	23 94	26 36	30 33	29 20	29 76	30 24	29 30	30 19	30 96	33 35	35 59	
Avril	»	26 80	23 58	26 83	32 77	28 42	30 11	30 52	29 56	29 32	32 07	32 44	35 11	
Mai	»	26 21	24 97	26 75	33 53	27 50	31 24	30 31	31 88	29 70	33 72	31 17	36 27	
Juin	»	27 85	25 28	29 02	33 87	27 38	30 96	30 25	33 04	28 61	33 77	31 71	34 66	
Juillet	»	26 68	26 63	30 10	32 76	28 87	31 03	31 47	34 49	29 23	33 49	34 54	32 88	
Août	»	25 95	27 96	30 26	30 58	30 02	29 69	31 11	33 48	31 06	33 32	38 33	32 49	
Septembre	26 02	26 05	27 37	28 74	30 14	30 95	30 01	29 97	32 42	30 78	31 39	37 43	31 80	
Octobre	24 69	25 50	26 76	30 75	30 82	31 07	31 34	31 38	31 98	29 89	29 97	37 93	31 77	
Novembre	23 81	25 78	26 88	29 88	29 56	31 35	31 11	31 24	31 22	29 79	30 65	37 56	31 62	
Décembre	24 15	25 93	27 80	28 41	28 37	31 46	30 98	29 57	30 21	29 24	31 11	37 67	31 66	

PRIX MOYENS DE VENTE DU KILOGRAMME DE PAIN DANS LES BOULANGERIES ET DÉPÔTS DE PAIN DE PARIS.

ANNÉES.	PRIX DE VENTE du KILOGRAMME de pain.	ANNÉES.	PRIX DE VENTE du KILOGRAMME de pain.	ANNÉES.	PRIX DE VENTE du KILOGRAMME de pain.
	fr. c.		fr. c.		fr. c.
1801	o 344	1841	o 310	1881	o 427
1802	o 410	1842	o 342	1882	o 418
1803	o 319	1843	o 326	1883	o 405
1804	o 265	1844	o 341	1884	o 365
1805	o 300	1845	o 328	1885	o 347
1806	o 321	1846	o 394	1886	o 355
1807	o 349	1847	o 498	1887	o 38
1808	o 316	1848	o 292	1888	o 385
1809	o 300	1849	o 284	1889	o 389
1810	o 309	1850	o 269	1890	o 395
1811	o 354	1851	o 270	1891	o 425
1812	o 444	1852	o 311	1892	o 389
1813	o 401	1853	o 355	1893	o 367
1814	o 312	1854	o 400	1894	o 346
1815	o 298	1855	o 446	1895	o 337
1816	o 410	1856	o 494	1896	o 333
1817	o 482	1857	o 410	1897	o 367
1818	o 390	1858	o 329	1898	o 399
1819	o 306	1859	o 328	1899	o 341
1820	o 363	1860	o 388	1900	o 334
1821	o 341	1861	o 437	1901	o 333
1822	o 284	1862	o 395	1902	o 333
1823	o 302	1863	o 358	1903	o 358
1824	o 285	1864	o 332	1904	o 355
1825	o 295	1865	o 320	1905	o 362
1826	o 294	1866	o 370	1906	o 359
1827	o 324	1867	o 473	1907	o 373
1828	o 401	1868	o 470	1908	o 375
1829	o 457	1869	o 372	1909	o 377
1830	o 393	1870	o 409	1910	o 386
1831	o 397	1871	o 494	1911	o 395
1832	o 376	1872	o 445		
1833	o 287	1873	o 468		
1834	o 275	1874	o 434		
1835	o 286	1875	o 362		
1836	o 279	1876	o 390		
1837	o 293	1877	o 434		
1838	o 345	1878	o 434		
1839	o 400	1879	o 410		
1840	o 388	1880	o 425		

PRIX DU KILOGRAMME DE VIANDE NETTE AU MARCHÉ DE LA VILLETTE
DE 1860 À 1911.

ANNÉES.	BŒUFS.			VACHES.			VEAUX.			MOUTONS.			PORCS.		
	1re QUA-LITÉ.	2e QUA-LITÉ.	3e QUA-LITÉ.	1re QUA-LITÉ.	2e QUA-LITÉ.	3e QUA-LITÉ.	1re QUA-LITÉ.	2e QUA-LITÉ.	3e QUA-LITÉ.	1re QUA-LITÉ.	2e QUA-LITÉ.	3e QUA-LITÉ.	1re QUA-LITÉ.	2e QUA-LITÉ.	3e QUA-LITÉ.
	fr. c.	fr. c.	fr. c.	fr. c.	fr. c.	fr. c.	fr. c.	fr. c.	fr. c.	fr. c.	fr. c.	fr. c.	fr. c.	fr. c.	fr. c.
1860 (1).....	1 39	1 25	1 09	1 26	1 09	0 96	1 69	1 53	1 39	1 64	1 47	1 34	—	—	—
1861 (1).....	1 41	1 29	1 16	1 29	1 15	1 04	1 79	1 63	1 47	1 64	1 46	1 33	—	—	—
1862 (1).....	1 38	1 28	1 17	1 28	1 15	1 04	1 70	1 56	1 41	1 56	1 43	1 26	—	—	—
1863 (1).....	1 39	1 29	1 20	1 29	1 18	1 06	1 73	1 59	1 44	1 53	1 40	1 28	—	—	—
1864 (1).....	1 42	1 29	1 18	1 29	1 18	1 06	1 73	1 60	1 43	1 54	1 45	1 35	—	—	—
1865 (1).....	1 40	1 27	1 15	1 27	1 14	0 99	1 77	1 62	1 47	1 55	1 43	1 28	—	—	—
1866 (1).....	1 44	1 30	1 20	1 32	1 19	1 07	1 78	1 64	1 50	1 63	1 49	1 36	—	—	—
1867 (1).....	1 51	1 40	1 30	1 40	1 30	1 20	1 98	1 77	1 62	1 67	1 53	1 39	—	—	—
1868.......	1 52	1 37	1 26	1 36	1 25	1 13	1 91	1 76	1 56	1 68	1 54	1 38	—	—	—
1869.......	1 54	1 39	1 25	1 37	1 24	1 10	1 74	1 66	1 46	1 64	1 45	1 25	—	—	—
1870.......	—	—	—	—	—	—	—	—	—	—	—	—	—	—	—
1871.......	1 71	1 55	1 39	1 57	1 41	1 25	2 32	2 08	1 72	1 97	1 72	1 50	—	—	—
1872.......	1 69	1 58	1 47	1 58	1 47	1 35	2 18	2 02	1 79	1 98	1 72	1 55	—	—	—
1873.......	1 88	1 79	1 70	1 77	1 65	1 55	2 01	1 84	1 65	2 05	1 84	1 65	1 47	1 41	1 36
1874.......	1 74	1 60	1 44	1 59	1 38	1 17	2 01	1 83	1 49	1 88	1 70	1 45	1 48	1 40	1 31
1875.......	1 74	1 53	1 34	1 55	1 30	1 02	2 07	1 87	1 48	1 90	1 73	1 57	1 46	1 41	1 35
1876.......	1 78	1 57	1 36	1 59	1 36	1 13	2 10	1 90	1 66	1 91	1 76	1 57	1 69	1 58	1 48
1877.......	1 77	1 61	1 39	1 61	1 38	1 21	2 11	1 94	1 75	1 97	1 84	1 64	1 68	1 56	1 38
1878.......	1 81	1 66	1 48	1 68	1 36	1 26	2 18	1 99	1 78	2 00	1 86	1 63	1 54	1 43	1 33
1879.......	1 75	1 62	1 38	1 59	1 34	1 16	2 07	1 89	1 63	1 92	1 71	1 47	1 44	1 38	1 32
1880.......	1 69	1 50	1 19	1 55	1 30	1 01	2 12	1 96	1 50	1 98	1 71	1 38	1 69	1 61	1 52
1881.......	1 64	1 43	1 13	1 53	1 30	0 97	2 08	1 86	1 45	1 96	1 78	1 51	1 63	1 55	1 49
1882.......	1 70	1 52	1 28	1 58	1 36	1 13	2 13	1 97	1 66	2 09	1 92	1 75	1 52	1 47	1 42
1883.......	1 81	1 62	1 40	1 69	1 47	1 28	2 17	2 02	1 75	2 13	1 98	1 80	1 43	1 37	1 32
1884.......	1 69	1 54	1 29	1 63	1 42	1 23	2 03	1 85	1 63	1 99	1 82	1 64	1 36	1 30	1 25
1885.......	1 59	1 45	1 24	1 51	1 37	1 14	1 94	1 77	1 44	1 84	1 65	1 46	1 40	1 35	1 29
1886.......	1 53	1 38	1 15	1 46	1 30	1 02	1 93	1 78	1 37	1 79	1 60	1 38	1 47	1 41	1 36
1887.......	1 38	1 22	0 97	1 32	1 14	0 82	1 80	1 63	1 11	1 70	1 49	1 27	1 31	1 26	1 20
1888.......	1 43	1 22	0 98	1 37	1 13	0 87	1 81	1 61	1 21	1 81	1 59	1 40	1 26	1 21	1 15

(1) Marchés de Sceaux et de Poissy.

PRIX DU KILOGRAMME DE VIANDE NETTE AU MARCHÉ DE LA VILLETTE
DE 1860 À 1911. (Suite et fin.)

ANNÉES.	BOEUFS.			VACHES.			VEAUX.			MOUTONS.			PORCS.		
	1re QUALITÉ.	2e QUALITÉ.	3e QUALITÉ.	1re QUALITÉ.	2e QUALITÉ.	3e QUALITÉ.	1re QUALITÉ.	2e QUALITÉ.	3e QUALITÉ.	1re QUALITÉ.	2e QUALITÉ.	3e QUALITÉ.	1re QUALITÉ.	2e QUALITÉ.	3e QUALITÉ.
	fr. c.	fr. c.	fr. c.	fr. c.	fr. c.	fr. c.	fr. c.	fr. c.	fr. c.	fr. c.	fr. c.	fr. c.	fr. c.	fr. c.	fr. c.
1889	1 45	1 24	1 12	1 38	1 18	0 99	1 84	1 68	1 49	1 91	1 71	1 48	1 37	1 32	1 27
1890	1 61	1 45	1 28	1 56	1 36	1 20	1 91	1 75	1 62	2 12	1 89	1 65	1 44	1 39	1 33
1891	1 59	1 44	1 28	1 55	1 36	1 19	1 90	1 73	1 59	2 06	1 89	1 67	1 38	1 34	1 26
1892	1 53	1 40	1 21	1 45	1 36	1 02	1 85	1 74	1 51	1 93	1 80	1 59	1 40	1 35	1 30
1893	1 51	1 34	1 08	1 44	: 23	0 87	1 96	1 77	1 58	1 87	1 71	1 50	1 46	1 43	1 39
1894	1 66	1 58	1 46	1 58	1 42	1 26	2 15	2 05	1 86	1 94	1 72	1 55	1 59	1 48	1 40
1895	1 58	1 48	1 38	1 52	1 40	1 30	2 08	1 87	1 54	2 01	1 91	1 75	1 38	1 30	1 26
1896	1 53	1 42	1 32	1 50	1 40	1 29	1 70	1 60	1 30	1 97	1 80	1 70	1 10	1 07	0 97
1897	1 46	1 33	1 23	1 44	1 30	1 10	1 82	1 70	1 45	1 83	1 68	1 53	1 20	1 11	1 04
1898	1 45	1 30	1 13	1 40	1 20	1 02	1 88	1 77	1 57	1 84	1 68	1 43	1 45	1 40	1 34
1899	1 44	1 28	1 03	1 41	1 09	0 83	1 96	1 81	1 60	1 93	1 75	1 48	1 52	1 48	1 42
1900	1 44	1 24	1 03	1 35	1 16	0 96	1 93	1 81	1 62	1 92	1 73	1 51	1 46	1 41	1 36
1901	1 49	1 27	1 00	1 43	1 19	0 90	1 92	1 81	1 63	2 00	1 82	1 67	1 43	1 34	1 24
1902	1 45	1 25	1 10	1 40	1 19	1 00	1 98	1 79	1 60	2 05	1 88	1 71	1 49	1 43	1 36
1903	1 52	1 36	1 23	1 47	1 31	1 16	1 97	1 79	1 61	2 13	1 96	1 81	1 43	1 37	1 32
1904	1 51	1 38	1 26	1 48	1 33	1 20	1 95	1 81	1 66	2 13	1 97	1 84	1 32	1 28	1 23
1905	1 55	1 40	1 28	1 51	1 35	1 21	1 99	1 81	1 61	2 13	1 97	1 84	1 47	1 43	1 39
1906	1 47	1 30	1 17	1 44	1 24	1 09	2 06	1 87	1 66	2 08	1 91	1 76	1 61	1 57	1 53
1907	1 63	1 47	1 29	1 59	1 41	1 22	2 18	2 00	1 81	2 27	2 09	1 94	1 87	1 83	1 78
1908	1 64	1 52	1 39	1 61	1 47	1 33	2 17	2 04	1 82	2 28	2 15	1 94	1 72	1 68	1 63
1909	1 64	1 54	1 41	1 64	1 52	1 39	2 08	1 94	1 76	2 28	2 15	1 99	1 44	1 40	1 35
1910	1 70	1 60	1 50	1 68	1 56	1 44	2 24	2 04	1 85	2 24	2 04	1 85	1 61	1 57	1 53
1911	1 85	1 67	1 52	1 84	1 65	1 48	2 46	2 15	1 83	2 43	2 26	2 11	2 01	1 94	1 86

PRIMES À LA CULTURE DU LIN, DU CHANVRE ET À LA SÉRICICULTURE.

PRIMES À LA CULTURE DU LIN ET DU CHANVRE.

ANNÉES.	SURFACES PRIMÉES.	MONTANT de LA PRIME par HECTARE.	DÉPENSES EFFECTUÉES.		
			POUR le CONTRÔLE.	POUR les PRIMES.	TOTAL.
	hectares.	fr. c.	francs.	francs.	francs.
1840.................................	—	—	—	—	—
1852.................................	—	—	—	—	—
1862.................................	—	—	—	—	—
1882.................................	—	—	—	—	—
1883.................................	—	—	—	—	—
1884.................................	—	—	—	—	—
1885.................................	—	—	—	—	—
1886.................................	—	—	—	—	—
1887.................................	—	—	—	—	—
1888.................................	—	—	—	—	—
1889.................................	—	—	—	—	—
1890.................................	—	—	—	—	—
1891.................................	—	—	—	—	—
1892.................................	19,177	132 00	21,741	2,531,364	2,553,105
1893.................................	27,261	88 00	49,433	2,398,968	2,448,401
1894.................................	33,669	72 00	68,047	2,424,168	2,492,215
1895.................................	35,544	68 00	77,091	2,416,992	2,494,083
1896.................................	33,470	72 00	83,112	2,409,840	2,492,952
1897.................................	30,705	78 50	86,002	2,410,342	2,496,344
1898.................................	25,194	95 00	87,877	2,393,430	2,481,307
1899.................................	25,840	92 50	97,245	2,390,200	2,487,445
1900.................................	30,662	77 50	108,219	2,376,305	2,484,524
1901.................................	33,634	70 50	115,029	2,371,197	2,486,226
1902.................................	33,232	71 00	125,871	2,359,472	2,485,343
1903.................................	35,796	66 00	126,076	2,362,536	2,488,612
1904.................................	35,556	60 00	125,652	2,133,360	2,259,012
1905.................................	35,301	60 00	123,807	2,118,060	2,241,867
1906.................................	34,642	60 00	124,664	2,078,520	2,203,184
1907.................................	35,071	60 00	107,349	2,104,260	2,211,609
1908.................................	35,373	60 00	114,624	2,122,380	2,237,004
1909.................................	27,032	60 00	100,968	1,621,920	1,722,888
1910.................................	26,906	60 00	97,461	1,614,360	1,711,821
1911.................................	30,066	60 00	100,337	1,803,960	1,904,297

PRIMES À LA CULTURE DU LIN, DU CHANVRE ET À LA SÉRICICULTURE. (Suite et fin.)

ANNÉES.	NOMBRE des ÉDUCATEURS.	NOMBRE de GRAMMES de GRAINES mises en incubation.	PRIMES À LA SÉRICICULTURE.					
			VALEUR TOTALE de la PRODUCTION.	POIDS des COCONS PRIMÉS [1].	MONTANT de LA PRIME par KILOGRAMME de cocons.	DÉPENSES EFFECTUÉES		
						pour le CONTRÔLE.	pour les PRIMES.	TOTAL.
	nombre.	grammes.	francs.	kilogr.	fr. c.	francs.	francs.	francs.

SÉRICICULTURE.

ANNÉES.	nombre.	grammes.	francs.	kilogr.	fr. c.	CONTRÔLE francs.	PRIMES francs.	TOTAL francs.
Moyenne avant l'épidémie........	–	–	100,392,602	25,098,151	–	–	–	–
1852.............	–	14,613,975	55,742,804	12,065,542	–	–	–	–
1862.............	–	18,124,050	51,916,837	9,758,804	–	–	–	–
1867.............	–	–	98,580,515	14,082,945	–	–	–	–
1872.............	–	–	68,756,424	9,893,163	–	–	–	–
1877.............	–	–	57,113,880	11,703,664	–	–	–	–
1882.............	171,096	8,715,075	41,003,234	9,711,079	–	–	–	▪
1887.............	136,388	6,442,500	31,815,746	8,575,673	–	–	–	–
1892.............	141,487	5,678,900	27,557,538	7,677,323	0 50	56,547	3,838,661	3,895,208
1893.............	148,971	5,625,300	43,344,057	10,028,285	0 50	66,201	5,014,143	5,080,344
1894.............	154,733	6,019,900	27,519,676	10,578,948	0 50	67,692	5,289,474	5,357,166
1895.............	139,996	5,310,675	26,228,050	9,295,479	0 50	59,652	4,647,740	4,707,892
1896.............	145,310	5,543,575	23,856,038	9,315,352	5 50	62,399	4,657,676	4,720,075
1897.............	133,253	4,972,075	19,710,735	7,782,045	0 50	54,471	3,866,023	3,920,494
1898.............	123,288	4,624,500	19.998,979	6,894,152	0 60	53,734	4,136,491	4,190,225
1899.............	128,114.	4,573,625	24,057,086	6,945,149	0 60	44,754	4,167,089	4,211,843
1900.............	136,214	5,139,600	27,082,191	9,179,816	0 60	62,073	5,507,890	5,569,968
1901.............	132,694	5,129,350	22,819,965	8,455,206	0 60	59,234	5,073,124	5,132,358
1902.............	128,199	4,960,675	22,299,875	7,264,958	0 60	50,170	4,358,975	4,409,145
1903.............	120,266	4,567,800	20,709,764	5,968,589	0 60	52,749	3,581,154	3,633,903
1904.............	125,244	4,586,075	22,067,867	7,824,116	0 60	55,976	4,694,469	4,750,445
1905.............	123,761	4,731,975	24,028,194	8,016,825	0 60	56,778	4,810,095	4,866,873
1906.............	122,045	4,457,575	29,405,065	7,521,824	0 60	56,652	4,512,794	4,569,446
1907.............	124,468	4,709,000	31,821,601	8,410,496	0 60	59,531	5,046,297	5,105,828
1908.............	123,804	4,676,825	25,648,361	8,407,319	0 60	55,154	5,044,391	5,099,545
1909.............	119,067	4,579,525	35,468,082	8,547,471	0 60	54,929	5,128,482	5,183,411
1910.............	114,283	4,467,975	13,108,000	4,273,480	0 60	21,600	2,564,088	2,585,688
1911.............	102,605	3,543,100	16,707,823	5,109,961	0 60	45,822	3,065,977	3,111,799

[1] Avant 1892, le chiffre représente le poids total de la production.

SOCIÉTÉS D'ASSURANCES MUTUELLES AGRICOLES.

Développement des Sociétés.

Sociétés existant au 31 décembre 1897........................ 1,484
Créées en 1898 110
Créées en 1899 341
Créées en 1900 349
Créées en 1901 390
Créées en 1902... 469
Créées en 1903 737
Créées en 1904... 1,105
Créées en 1905... 1,116
Créées en 1906... 1,138
Créées en 1907... 1,048
Créées en 1908... 977
Créées en 1909... 784
Créées en 1910 676
Créées en 1911 963

Soit au 31 décembre 1911................ 11,687

Ces 11,687 se répartissent comme suit d'après les risques qu'elles garantissent :

Sociétés d'assurance contre la mortalité du bétail.................. 8,869
Sociétés de réassurance contre la mortalité du bétail................ 65
Sociétés d'assurance contre l'incendie des risques agricoles........... 2,662
Sociétés de réassurance contre l'incendie des risques agricoles.......... 28
Sociétés d'assurance contre la grêle............................. 27
Sociétés d'assurance contre les accidents du travail agricole........... 35
Sociétés de réassurance contre les accidents du travail agricole........ 1

Total......................... 11,687

SOCIÉTÉS D'ASSURANCES MUTUELLES CONTRE LA MORTALITÉ DU BÉTAIL.

AU 31 DÉCEMBRE.	NOMBRE DE SOCIÉTÉS.	NOMBRE DE MEMBRES.	VALEUR DU CAPITAL ASSURÉ.
			francs.
1897........................	1,469	87,072	59,168,334
1898........................	1,578	94,546	62,449,269
1899........................	1,917	117,292	86,724,510
1900........................	2,264	135,817	106,807,194
1901........................	2,646	155,496	129,775,867
1902........................	3,102	178,920	158,999,954
1903........................	3,811	209,490	194,031,403
1904........................	4,824	275,576	278,960,543

SOCIÉTÉS D'ASSURANCES MUTUELLES CONTRE LA MORTALITÉ DU BÉTAIL.
(Suite et fin.)

AU 31 DÉCEMBRE.	NOMBRE DE SOCIÉTÉS.	NOMBRE DE MEMBRES.	VALEUR DU CAPITAL ASSURÉ.
			francs.
1905	5,765	318,146	330,545,429
1906	5,422	346,901	372,815,500
1907	6,982	389,478	417,477,023
1908	7,569	403,984	471,311,340
1909	8,044	424,633	513,532,254
1910	8,380	456,561	557,887,608
1911	8,869	473,747	605,251,815

CAISSES DE RÉASSURANCE CONTRE LA MORTALITÉ DU BÉTAIL

ANNÉES.	NOMBRE DE SOCIÉTÉS de RÉASSURANCE.	NOMBRE des SOCIÉTÉS LOCALES AFFILIÉES.	VALEUR DU CAPITAL RÉASSURÉ.
			francs.
1901	6	106	4,581,770
1902	10	203	8,708,240
1903	14	631	17,687,184
1904	18	917	32,413,226
1905	29	1,373	61,853,075
1906	33	1,719	86,956,688
1907	44	2,200	105,856,975
1908	53	2,731	124,671,437
1909	55	2,886	133,168,042
1910	58	3,055	155,900,785
1911	65	3,413	172,147,315

CAISSES D'ASSURANCES MUTUELLES CONTRE L'INCENDIE.

AU 31 DÉCEMBRE.	NOMBRE DE SOCIÉTÉS.	NOMBRE D'ADHÉRENTS EFFECTIFS ET EXPECTANTS.		VALEUR DU CAPITAL ASSURÉ ET À ASSURER.	
		effectifs.	expectants.	assuré.	à assurer.
1902............................	5	534		3,652,116	
1903............................	27	2,674		20,181,502	
1904............................	111	5,930		42,403,730	
1905............................	273	12,437		101,972,610	
1906............................	740	28,091		239,137,850	
1907............................	1,208	29,218	19,795	254,755,365	243,496,815
1908............................	1,598	44,935	27,014	261,788,021	330,998,098
1909............................	1,901	49,551	30,785	476,886,664	443,636,295
1910............................	2,228	63,826	35,580	643,576,830	466,816,825
1911............................	2,662	68,930	43,840	693,487,705	591,012,650

CAISSES DE RÉASSURANCE CONTRE L'INCENDIE.

ANNÉES.	NOMBRE DES SOCIÉTÉS DE RÉASSURANCE.	NOMBRE DE SOCIÉTÉS LOCALES affiliées.	MONTANT DU CAPITAL RÉASSURÉ ET À RÉASSURER.	
			réassuré.	à réassurer.
1902............................	1	145	16,282,335	
1903............................	3	433	64,605,490	
1904............................	5	530	81,888,000	
1905............................	8	625	101,240,500	
1906............................	9	735	141,148,600	
1907............................	10	862	163,979,432	
1908............................	16	1,250	101,259,162	278,576,068
1909............................	20	1,766	204,922,130	327,282,300
1910............................	26	2,096	311,819,433	412,155,740
1911............................	27	2,926	427,419,685	504,525,205

SOCIÉTÉS CONTRE LA GRÊLE.

ANNÉES.	NOMBRE DE SOCIÉTÉS.	NOMBRE DE MEMBRES.	CAPITAL ASSURÉ (RÉCOLTES).
			francs.
1898..........................	12	16,812	8,499,456
1899..........................	14	17,067	9,552,468
1900..........................	16	28,760	13,841,656
1901..........................	16	29,340	13,964,459
1902..........................	19	29,604	14,785,435
1903..........................	21	32,050	18,380,715
1904..........................	22	33,023	18,640,520
1905..........................	22	32,963	19,299,800
1906..........................	24	38,550	20,479,815
1907..........................	24	40,500	21,500,000
1908..........................	24	42,065	22,580,580
1909..........................	24	47,737	27,084,970
1910..........................	25	44,677	28,159,854
1911..........................	27	38,014	30,890,450

**Sociétés d'assurances mutuelles contre les accidents
du travail agricole.**

Ces sociétés garantissent les accidents du travail agricole à l'exclusion de ceux occasionnés par des moteurs inanimés.

Le nombre des sociétés d'assurances mutuelles contre les accidents qui, était de 7 au 31 décembre 1910, s'est accru de 28 sociétés nouvelles créées en 1911 dans le département d'Indre-et-Loire. Ces 28 sociétés sont réassurées à une caisse départementale.

COOPÉRATIVES AGRICOLES.

DÉSIGNATION.	FIN DES ANNÉES			
	1908.	1909.	1910.	1911.
Coopératives ayant reçu des avances à long terme....................	23	65	131	202
Capital versé....................	579,724	1,351,204	2,721,245	4,114,386 15
Avances dont elles disposent..........	964,325	2,122,775	4,405,840	6,642,277 70
Nombre des sociétaires.............	3,289	6,415	16,497	24,187

COOPÉRATIVES AGRICOLES. (Suite et fin.)

DÉSIGNATION.	FIN DES ANNÉES			
	1908.	1908.	1910.	1911.
Les sociétés, classées d'après leur objet, se répartissaient comme suit :				
Laiteries et beurreries...............	5	10	29	41
Fruitières et fromageries	//	4	26	61
Vinicoles..........................	7	16	29	32
Vinicoles et oléicoles................	//	5	5	6
Oléicoles..........................	2	4	5	6
Distilleries.........................	4	7	11	19
Féculeries..........................	1	2	2	2
Utilisation de matériel...............	//	10	17	26
Diverses...........................	4	7	7	9
Totaux...........	23	65	131	202

OPÉRATIONS DE CRÉDIT INDIVIDUEL À LONG TERME.

(Loi du 31 mars 1910.)

ANNÉES.	NOMBRE DES CAISSES RÉGIONALES.	CAPITAL SOCIAL.	MONTANT DES AVANCES.	PRÊTS CONSENTIS.		
				NOMBRE.	MONTANT.	MOYENNE.
		francs.	francs.		francs.	
1910..............	28	8,363,135	2,329,000	149	647,906	4,348
1911..............	74	19,619,147	4,737,000	963	3,570,322	3,707
Totaux......	....	....	7,066,000	1,112	4,218,228	

SITUATION DES CAISSES DE CRÉDIT AGRICOLE MUTUEL DU 1ᵉʳ JANVIER 1900 AU 31 DÉCEMBRE 1911.

ANNÉES.	CAISSES RÉGIONALES.			CAISSES LOCALES AFFILIÉES.					
	NOMBRE.	CAPITAL VERSÉ.	AVANCES DE L'ÉTAT. (Loi du 31 mars 1899.)	NOMBRE.	SOCIÉTAIRES.	PRÊTS EN COURS à LA FIN DE L'ANNÉE précédente.	PRÊTS NOUVEAUX CONSENTIS dans l'année.	TOTAL DES SOMMES mises à la disposition des agriculteurs.	RÉSERVES GÉNÉRALES.
		francs.	francs.			francs.	francs.	francs.	francs.
1900	9	710,650	612,250	87	2,175	//	//	1,190,456	26,369
1901	21	2,245,375	3,223,460	300	7,998	//	//	5,170,045	72,253
1902	37	2,629,227	6,879,134	456	22,476	//	//	14,302,651	186,684
1903	41	3,066,035	8,737,396	616	28,204	//	//	22,451,167	345,328
1904	54	4,601,369	14,175,365	963	42,783	//	//	30,233,063	591,514
1905	66	6,446,596	19,479,416	1,355	61,874	12,702,742	31,459,831	44,162,573	1,002,693
1906	74	7,408,995	22,985,381	1,638	76,188	19,648,104	37,141,552	56,789,656	1,539,498
1907	88	8,075,383	28,628,477	2,168	96,192	25,332,147	45,376,309	70,708,456	2,220,649
1908	94	11,218,486	36,747,352	2,636	116,866	29,720,297	62,274,592	91,994,889	3,035,556
1909	95	13,546,688	46,231,463	2,983	133,382	40,126,197	64,900,543	105,026,740	4,070,171
1910	96	15,912,801	50,442,585	3,338	151,621	42,671,323	70,533,340	113,204,663	5,287,129
1911	97	19,517,226	59,769,247	3,946	185,552	51,983,588	82,540,623	134,524,211	6,886,285

SYNDICATS AGRICOLES.

ANNÉES.	NOMBRE.	MEMBRES.	UNIONS.
1884	5	"	"
1885	39	"	"
1886	93	"	2
1887	214	"	7
1888	461	"	9
1889	557	"	8
1890	648	234,234	9
1891	750	269,298	9
1892	863	313,800	14
1893	952	353,883	16
1894	1,092	378,750	15
1895	1,188	403,261	17
1896	1,275	423,492	19
1898	1,499	448,395	30
1899	1,824	491,692	34
1900	2,069	512,794	35
1901	2,204	533,454	38
1902	2,375	592,613	36
1903	2,434	598,834	43
1904	2,592	620,048	43
1905	3,116	659,953	47
1906	3,553	677,150	52
1907	3,883	716,530	64
1908	4,423	771,452	68
1909	4,743	797,832	71
1910	4,948	813,038	77
1911	5,407	912,944	82

ÉTAT RÉCAPITULATIF DES DÉPENSES EFFECTUÉES PAR LE MINISTÈRE DE L'AGRICULTURE DE 1882 À 1912.

NUMÉROS D'ORDRE.	NATURE DES DÉPENSES EFFECTUÉES.	1882.	1883.	1884.	1885.	1886.	1887.	1888.	1889.	1890.	1891.	1892.	1893.	1894.	1895.	1896.	1897.	NUMÉROS D'ORDRE.
		francs.	francs.	francs.	francs.	francs.	francs.	francs.	francs.	francs.	francs.	francs.	francs.	francs.	francs.	francs.	francs.	
1	Administration centrale. { Personnel	544,150	753,600	755,000	622,300	630,330	630,330	700,000	700,000	695,000	690,000	710,000	710,000	734,000	734,000	758,600	768,600	1
2	Matériel	79,750	130,700	136,700	126,700	126,700	126,700	100,000	95,000	95,000	85,000	100,000	100,000	100,000	100,000	100,000	100,000	2
3	Impressions, souscriptions, abonnements, autographes, etc.	151,535	155,750	158,750	150,000	150,000	150,000	107,500	173,500	173,500	150,800	175,800	175,800	189,000	189,000	206,848	206,848	3
4	Mérite agricole, médailles agricoles	–	–	–	3,000	3,000	3,000	6,300	6,300	7,000	7,000	17,000	17,000	17,000	17,000	17,000	17,000	4
5	Inspection de l'agriculture	147,000	160,000	160,000	131,000	131,000	131,000	120,300	120,300	110,000	96,000	85,750	85,750	85,750	85,750	85,750	85,750	5
6	Enseignement agricole	2,020,250	2,416,745	2,527,275	2,541,675	2,541,675	2,892,675	2,837,105	2,907,105	3,036,100	2,299,400	2,600,610	2,650,610	3,590,610	3,500,610	3,736,016	3,735,666	6
7	Encouragements à l'agriculture et missions. — Institut international d'agriculture. — Dépenses diverses	2,160,075	1,924,900	1,974,900	1,926,400	1,918,400	1,918,400	1,869,400	1,127,400	1,847,400	1,820,400	1,898,400	2,038,400	1,900,000	1,900,000	1,796,600	1,807,300	7
8	Lutte contre les animaux, insectes, cryptogames et autres végétaux nuisibles	100,000	1,350,000	2,350,000	1,350,000	2,100,000	2,066,000	1,766,000	1,760,000	1,605,000	1,350,000	1,040,000	1,040,000	1,040,000	970,000	769,124	573,919	8
9	Répression des fraudes	–	–	–	–	–	–	–	–	–	–	20,000	20,000	20,000	20,000	10,000	10,000	9
10	Enseignement vétérinaire	1,131,980	999,800	999,800	999,800	999,800	1,017,800	998,800	998,300	998,300	985,000	985,000	1,101,000	1,046,950	1,046,950	1,046,950	1,021,950	10
11	Service des épizooties	–	132,180	194,180	178,580	178,580	178,580	157,800	157,800	157,800	277,800	277,800	277,800	287,800	260,000	250,000	265,000	11
12	Tuberculose : indemnités pour abatage d'animaux et saisies de viande; inoculations préventives	–	500,000	600,000	500,000	500,000	500,000	460,000	480,000	300,000	300,000	300,000	300,000	300,000	280,000	280,000	180,000	12
13	Haras et dépôts d'étalons { Personnel	1,613,230	1,613,230	1,621,230	1,603,230	1,603,230	1,598,230	1,838,230	1,863,230	1,853,230	1,843,230	1,889,430	2,970,630	2,018,230	2,069,130	2,102,930	2,142,430	13
14	Matériel	2,667,635	2,667,635	2,667,635	2,667,635	2,567,635	2,599,635	2,075,000	2,073,000	2,070,000	2,090,000	2,965,250	2,447,950	2,274,850	2,324,600	2,368,850	2,415,120	14
15	Remonte des haras	1,328,600	1,409,000	1,459,000	1,583,200	1,583,200	1,583,200	1,410,450	1,410,450	1,410,450	1,410,450	1,142,500	1,000,000	1,000,000	1,000,000	1,800,000	1,250,000	15
16	Encouragements à l'industrie chevaline	2,169,000	2,249,000	2,249,000	2,249,000	2,279,000	2,139,000	2,164,000	2,090,500	2,090,500	2,070,500	1,695,500	1,550,000	1,550,000	1,550,000	1,549,166	1,549,166	16
17	Hydraulique et améliorations agricoles; personnel	282,500	305,000	305,000	315,200	315,200	315,200	272,600	277,600	277,600	270,000	270,400	277,000	277,000	387,500	372,500	372,000	17
18	Hydraulique et améliorations agricoles de toute nature : études, travaux et subventions; garanties d'intérêt, police, surveillance et contrôle	7,987,300	7,103,500	6,703,500	5,034,750	5,034,750	4,644,750	3,471,100	3,468,100	3,197,950	3,532,950	3,561,450	3,568,650	3,557,450	3,089,400	2,704,788	2,549,358	18
19	Surveillance, contrôle et vérification des comptes des sociétés de courses	–	–	–	–	–	–	–	–	–	–	18,600	18,600	18,600	18,600	18,600	18,600	19
20	Eaux et forêts : personnel	5,419,067	5,710,662	6,223,192	6,017,998	6,017,998	6,017,993	5,782,032	5,805,033	5,795,020	5,795,020	5,795,020	5,795,020	5,795,020	5,797,580	5,797,380	6,165,000	20
21	Enseignement forestier	215,385	215,835	195,385	165,685	165,685	165,685	160,685	160,685	175,680	172,000	172,600	175,000	175,000	175,000	175,000	175,000	21
22	Amélioration et entretien des forêts, dunes et cours d'eau	–	3,225,000	3,275,000	2,659,550	2,399,550	2,359,550	1,984,550	1,988,550	1,810,550	1,675,000	1,660,000	1,660,000	1,660,000	1,600,000	1,435,248	1,310,583	22
23	Restauration et conservation des terrains en montagne	3,932,085	2,867,840	3,464,000	3,304,000	3,304,000	3,290,600	3,223,800	3,192,800	3,192,800	3,100,000	3,482,585	300,000	3,600,000	3,100,000	3,200,000	3,500,000	23
24	Forêts : aménagement, exploitation, matériel et dépenses diverses	3,387,495	936,145	1,001,258	797,876	797,876	797,876	797,876	711,876	805,880	750,000	700,000	940,000	820,000	800,000	798,152	818,162	24
25	Impositions sur les forêts domaniales	1,500,000	1,500,000	1,722,000	1,722,000	1,722,000	1,722,000	1,722,000	1,722,000	1,810,000	1,810,000	1,810,000	1,810,000	1,810,000	1,810,000	1,810,000	1,810,000	25
26	Subventions aux sociétés d'assurances mutuelles contre la mortalité du bétail	–	–	–	–	–	–	–	–	–	–	–	–	–	–	–	–	26
27	Crédit agricole mutuel	–	–	–	–	–	–	–	–	–	–	–	–	–	–	–	–	27
	Total des dépenses	36,787,337	38,226,089	39,687,015	36,291,574	37,039,574	36,747,574	33,950,529	33,640,529	33,597,760	33,524,650	32,664,595	33,558,210	33,258,160	33,003,420	32,569,373	33,071,018	

Dépenses extraordinaires.

NUMÉROS D'ORDRE.		1882.	1883.	1884.	1885.	1886.	1887.	1888.	1889.	1890.	1891.	1892.	1893.	1894.	1895.	1896.	1897.	NUMÉROS D'ORDRE.
28	Statistique agricole décennale	–	60,000	35,000	–	–	–	–	–	–	–	40,000	40,000	60,000	70,000	64,990	49,000	28
29	Primes à la sériciculture	–	–	–	–	–	–	–	–	–	–	4,000,000	4,000,000	4,000,000	4,800,000	4,800,000	4,500,000	29
30	Primes à la culture du lin et du chanvre	–	–	–	–	–	–	–	–	–	–	2,500,000	2,500,000	2,500,000	2,500,000	2,500,000	2,500,000	30
31	Secours aux agriculteurs pour calamités agricoles	2,281,500	2,300,000	3,322,200	2,351,000	2,379,600	2,407,700	2,417,690	–	2,461,480	2,344,220	2,355,730	2,370,000	2,370,000	2,370,000	2,870,000	2,370,000	31
32	Participation du Ministère de l'Agriculture aux Expositions internationales	–	–	–	–	–	–	–	1,120,000	–	–	28,000	352,000	–	–	–	–	32
	Total	2,281,500	2,360,000	2,357,000	2,351,000	2,379,600	2,407,700	2,417,690	1,120,000	2,461,480	2,344,220	8,923,730	9,262,000	8,930,000	9,740,000	9,934,990	9,419,000	
	Total général	39,068,337	40,586,089	42,044,015	38,640,574	39,419,224	39,155,274	36,868,219	34,700,529	36,049,240	35,868,870	41,588,325	42,840,210	42,188,160	42,863,420	42,504,363	41,490,018	

ÉTAT RÉCAPITULATIF DES DÉPENSES EFFECTUÉES PAR LE MINISTÈRE DE L'AGRICULTURE DE 1882 À 1912. (Suite et fin.)

NUMÉROS D'ORDRE.	NATURE DES DÉPENSES EFFECTUÉES.	1898.	1899.	1900.	1901.	1902.	1903.	1904.	1905.	1906.	1907.	1908.	1909.	1910.	1911.	1912.	NUMÉROS D'ORDRE.
		francs.	francs.	francs.	francs.	francs.	fr. c.	fr. c.	fr. c.	fr. c.	fr. c.	fr. c.	fr. c.	fr. c.	fr. c.	fr. c.	
1	Administration centrale. { Personnel	780,400	795,400	795,400	912,400	912,400	912,400 00	988,900 00	1,127,650 00	1,286,070 00	1,315,550 00	1,354,550 00	1,350,350 00	1,367,871 02	1,388,350 00		1
2	Administration centrale. { Matériel	100,000	100,000	100,000	100,000	100,000	100,000 00	150,000 00	145,000 00	114,000 00	124,500 00	124,500 00	126,500 00	136,005 00	125,500 00		2
3	Impressions, souscriptions, abonnements, autographies, etc.	206,818	194,818	194,818	200,000	195,000	195,000 00	237,000 00	186,000 00	195,000 00	199,000 00	195,000 00	201,000 00	200,000 00	200,000 00		3
4	Mérite agricole, médailles agricoles	17,000	17,000	17,000	17,000	17,000	17,000 00	17,000 00	17,000 00	10,000 00	10,000 00	10,000 00	10,000 00	10,000 00	10,000 00		4
5	Inspection de l'agriculture	85,750	85,750	95,750	97,750	97,750	97,750 00	97,750 00	92,750 00	92,750 00	92,750 00	92,750 00	92,750 00	146,950 00	146,950 00		5
6	Enseignement agricole	3,780,366	3,783,876	3,817,476	3,895,800	3,924,000	2,096,175 17	4,087,306 47	4,030,238 17	4,027,986 96	4,034,777 70	4,141,068 85	4,235,948 16	4,193,935 46	4,271,181 47		6
7	Encouragements à l'agriculture et missions. Institut international d'agriculture. Dépenses diverses.	2,041,096	2,041,096	1,041,096	2,185,500	2,140,000	1,981,133 33	2,105,000 00	2,105,500 00	2,103,600 00	2,076,820 00	2,187,595 00	2,154,090 00	2,193,820 00	2,328,520 00		7
8	Lutte contre les animaux, insectes, cryptogames et autres végétaux nuisibles	593,919	590,919	590,919	794,750	794,750	406,000 00	671,000 00	296,000 00	281,000 00	276,000 00	276,000 00	276,000 00	252,000 00	261,000 00		8
9	Répression des fraudes	29,000	29,000	35,000	36,000	36,000	148,000 00	148,000 00	148,000 00	152,000 00	707,397 78	1,180,739 15	1,170,819 73	1,330,885 93	1,320,795 00		9
10	Enseignement vétérinaire	1,097,340	1,116,440	1,116,440	1,116,440	1,114,440	1,138,009 91	1,132,661 19	1,132,584 96	1,133,861 41	1,115,422 20	1,138,020 04	1,133,886 09	1,162,530 49	1,160,739 89		10
11	Service des épizooties et services sanitaires départementaux	1,000,000	258,500	258,500	258,500	258,500	300,000 00	300,000 00	300,000 00	298,000 00	298,000 00	298,000 00	568,000 00	763,000 00	763,000 00		11
12	Tuberculose : indemnités pour abatage d'animaux et saisies de viande ; inoculations préventives.	180,000	915,000	915,000	915,000	915,000	715,000 00	825,000 00	1,298,680 00	1,300,000 00	1,450,000 00	1,600,000 00	1,700,000 00	1,700,000 00	1,630,000 00		12
13	Haras et dépôts d'étalons { Personnel	2,584,255	2,778,880	2,231,505	2,221,630	2,290,440	2,003,245 00	2,036,530 00	2,054,385 00	2,045,844 00	2,053,769 00	2,082,994 00	2,176,580 00	2,247,039 00	2,739,306 00		13
14	Haras et dépôts d'étalons { Matériel	2,461,390	2,504,910	2,698,430	2,698,430	2,851,470	3,276,115 45	3,389,670 28	3,342,180 71	3,552,111 41	3,980,243 83	3,510,795 93	3,565,467 11	3,624,458 63	3,338,698 00		14
15	Remonte des haras	1,250,005	1,250,000	1,250,000	1,250,000	1,250,000	2,357,301 52	2,335,795 76	2,316,179 06	2,743,676 81	2,866,913 54	2,433,442 06	2,319,547 76	2,736,515 48	3,120,759 67		15
16	Encouragements à l'industrie chevaline	1,549,166	1,549,166	1,549,166	1,534,000	1,534,000	2,457,736 10	2,433,207 30	2,816,009 90	2,928,304 30	2,986,792 10	3,029,136 70	3,058,490 90	3,097,905 70	3,363,786 00		16
17	Hydraulique et améliorations agricoles : personnel.	356,000	356,000	356,000	356,000	356,000	358,000 00	381,000 00	342,230 00	370,220 00	392,220 00	392,220 00	392,220 00	443,000 00	460,220 00		17
18	Hydraulique et améliorations agricoles de toute nature : études, travaux et subventions ; garanties d'intérêt. Police, surveillance et contrôle.	3,039,358	2,983,178	3,158,178	3,156,400	3,148,189	2,766,409 00	2,726,389 00	3,068,754 30	2,595,200 00	2,551,480 97	3,578,264 00	2,701,200 00	3,023,245 00	4,198,000 00		18
19	Surveillance, contrôle et vérification des comptes des sociétés de courses.	18,600	18,600	18,600	18,600	18,600	42,930 00	42,650 00	46,892 75	48,732 00	50,356 00	52,421 60	62,967 10	60,400 00	65,600 00		19
20	Eaux et forêts : personnel	6,259,000	6,259,000	6,259,000	6,259,000	6,259,000	6,259,600 00	6,263,800 00	6,263,800 00	6,297,000 00	6,301,800 00	6,501,800 00	6,697,000 00	6,697,000 00	6,872,000 00		20
21	Enseignement forestier	175,000	175,000	175,000	175,000	175,000	175,000 00	175,225 00	189,000 00	186,100 00	186,100 00	186,100 00	186,100 00	186,100 00	186,100 00		21
22	Amélioration et entretien des forêts, dunes et cours d'eau.	1,405,583	1,395,583	1,395,583	1,350,000	1,350,000	1,368,701 25	1,326,501 25	1,271,501 25	1,225,840 51	1,247,240 00	1,253,864 48	1,261,281 10	2,258,278 00	1,263,027 00		22
23	Restauration et conservation des terrains en montagne.	3,500,000	3,500,000	3,500,000	3,500,000	3,500,000	3,510,766 65	3,505,991 65	3,282,666 65	3,380,479 50	3,381,884 23	3,384,445 65	3,509,043 65	3,507,724 65	3,558,919 00		23
24	Forêts : aménagement, exploitation, matériel et dépenses diverses.	818,162	833,162	818,162	764,162	764,162	754,387 30	754,162 00	768,000 00	947,000 00	727,000 00	727,000 00	1,027,000 00	937,000 00	791,412 00		24
25	Impositions sur les forêts domaniales.	1,840,000	1,840,000	1,850,000	1,850,000	1,865,000	1,955,000 00	2,045,000 00	2,105,000 00	2,210,000 00	2,250,000 00	2,308,000 00	2,370,000 00	2,450,000 00	2,450,000 00		25
26	Subventions aux sociétés d'assurances mutuelles contre la mortalité du bétail.	500,000	500,000	500,000	500,000	500,000	650,000 00	721,900 00	810,800 00	1,200,000 00	1,200,000 00	1,200,000 00	1,194,000 00	1,200,000 00	1,185,000 00		26
27	Crédit agricole mutuel	–	–	–	–	–	–	–	–	–	–	–	–	–	–		27
	Total des dépenses	35,258,208	35,291,978	34,799,023	35,922,382	36,148,701	36,041,610 88	38,867,439 90	39,564,722 75	40,704,077 90	41,875,991 33	43,234,707 52	43,440,101 50	44,935,964 36	47,194,363 03		
	Dépenses extraordinaires.																
28	Crédit agricole mutuel	–	–	–	–	–	2,775,030 00	5,245,869 00	5,430,301 00	3,717,530 00	5,800,715 00	8,655,692 00	9,825,290 00	11,385,815 00	18,423,977 00		28
29	Statistique agricole décennale.	–	–	–	–	–	–	–	–	–	–	–	–	–	–		29
30	Primes à la sériciculture.	4,500,000	4,228,000	4,228,000	4,228,000	4,228,000	4,228,000 00	4,777,000 00	4,868,000 00	4,578,000 00	5,115,000 00	5,104,700 00	5,188,000 00	5,000,000 00	5,000,000 00		30
31	Primes à la culture du lin et du chanvre.	2,500,000	2,500,000	2,500,000	2,500,000	2,500,000	2,500,000 00	2,262,800 00	2,250,000 00	2,275,000 00	2,275,000 00	2,275,000 00	2,275,000 00	2,275,000 00	2,275,000 00		31
32	Primes à la culture de l'olivier.	–	–	–	–	–	–	–	–	–	–	–	–	–	2,000,000 00		32
33	Secours aux agriculteurs pour calamités agricoles.	2,000,000	2,000,000	2,000,000	1,950,000	1,950,000	2,991,614 14	1,724,501 27	1,650,007 70	1,840,000 00	4,640,000 00	1,840,000 00	2,640,000 00	9,640,000 00	3,060,000 00		33
34	Participation du Ministère de l'Agriculture aux Expositions internationales.	–	500,000	1,963,500	–	–	–	198,196 75	113,000 00	46,000 00	–	100,000 00	60,000 00	240,000 00	–		34
	Total	9,000,000	9,228,000	10,691,500	8,678,000	8,678,000	12,494,644 14	14,908,367 02	14,301,308 70	12,456,530 00	17,830,715 00	17,975,392 00	19,988,290 00	28,341,815 00	30,758,977 00		
	Total général	44,258,208	44,519,978	45,420,523	44,600,382	44,826,701	48,536,255 02	53,055,806 92	53,866,031 45	53,160,607 90	59,706,706 33	61,210,099 52	63,428,391 60	73,477,779 36	77,953,340 03		

ÉTAT RÉCAPITULATIF DES RECETTES EFFECTUÉES PAR LE MINISTÈRE DE L'AGRICULTURE DE 1882 À 1909.

ORIGINE.	1882.	1883.	1884.	1885.	1886.	1887.	1888.	1889.	1890.	1891.	1892.	1893.	1894.	1895.
	francs.	francs.	francs.	francs.	francs.	francs.	francs.	francs.	francs.	francs.	francs.	francs.	francs.	francs.
Produits des forêts	28,440,259	28,008,510	28,194,899	26,103,801	24,578,946	24,753,015	25,565,698	25,913,383	26,018,488	27,747,572	28,143,092	27,655,530	26,918,619	28,579,755
Produits des haras et dépôts d'étalons	1,095,389	1,187,407	1,183,754	1,089,590	1,022,511	1,038,397	923,740	1,044,332	1,147,038	1,236,619	1,321,900	1,169,379	1,245,992	1,390,806
École des haras du Pin	—	—	—	—	—	—	—	—	—	—	—	5,500	2,250	500
Produits des écoles vétérinaires	451,338	409,142	392,592	346,996	398,461	384,005	399,261	398,781	397,857	861,979	329,769	305,761	288,001	321,067
Produits des établissements d'enseignement agricole	323,165	375,401	386,062	365,236	351,020	382,083	388,182	421,075	456,404	684,103	467,391	468,173	494,014	486,054
Produits des bergeries et de la vacherie expérimentale	196,868	167,589	182,285	156,590	108,246	139,148	170,454	129,489	95,944	101,209	81,209	30,877	59,375	78,356
Produits du domaine de Casabianda	—	—	—	—	—	—	—	—	—	—	—	—	24,750	35,870
Produits du concours général agricole de Paris	290,629	58,926	77,180	77,560	94,260	87,191	67,343	25,029	52,561	63,510	79,107	83,752	89,169	84,861
Redevances pour certificats généalogiques d'animaux	—	—	—	—	—	—	—	—	—	—	45	15	85	15
Redevances de visite du bétail à l'importation	174,212	188,657	170,636	156,899	143,811	107,514	274,350	198,525	197,036	187,193	181,418	154,246	330,693	300,139
Droits d'inspection sanitaire des viandes à la frontière	—	—	—	—	—	—	—	172,516	255,866	306,238	89,054	44,637	167,516	246,793
Prix de l'apposition de la marque sur le bétail des zones franches	—	—	—	—	—	—	—	—	—	—	—	—	—	—
Concours des reproducteurs des races chevaline et asine	—	—	—	—	—	—	—	—	—	—	—	—	—	—
Contrôle des semences fourragères et surveillance du grainage des vers à soie	—	—	—	—	—	—	—	—	—	—	—	—	—	—
Surveillance des sociétés et d'établissements divers	10,000	14,000	16,000	14,000	14,000	14,000	14,000	14,000	14,000	14,000	14,000	14,000	15,200	15,200
Prélèvement sur les redevances et sur l'avance de la Banque de France	—	—	—	—	—	—	—	—	—	—	—	—	—	—
Prélèvement du pari mutuel	—	—	—	—	—	—	—	—	—	—	—	—	—	—
Insignes du mérite agricole	—	—	—	7,535	3,135	5,250	5,670	10,845	9,780	4,680	2,925	1,440	3,105	4,080
Aliénation d'objets mobiliers de l'Administration de l'Agriculture	4,006	11,854	11,377	3,325	2,260	6,197	9,197	4,164	3,105	1,438	1,562	6,096	10,708	19,671
Armes et engins confisqués pour délits de chasse ou de pêche	44,177	37,005	43,193	48,774	40,367	37,638	39,566	22,647	33,714	41,721	36,446	38,239	34,625	49,702
Total	31,030,043	30,457,989	30,584,978	28,345,268	26,756,997	26,954,433	27,857,461	27,654,787	28,681,301	30,541,662	30,640,918	29,777,645	29,684,102	31,612,069

ORIGINE.	1896.	1897.	1898.	1899.	1900.	1901.	1902.	1903.	1904.	1905.	1906.	1907.	1908.	1909.
	francs.	francs.	francs.	francs.	francs.	francs.	francs.	francs.	francs.	francs.	francs.	francs.	francs.	francs.
Produits des forêts	30,056,168	30,684,382	30,283,407	30,893,486	33,140,592	34,269,207	35,158,000	28,224,806	30,708,793	30,821,653	32,690,047	35,595,730	34,777,595	32,082,903
Produits des haras et dépôts d'étalons	1,474,031	1,577,166	1,512,810	1,577,239	1,530,127	1,547,105	1,649,569	1,661,691	1,618,887	1,613,887	1,528,700	1,481,676	1,493,385	1,486,443
École des haras du Pin	500	2,500	4,750	3,750	3,750	7,500	5,250	3,250	3,500	1,500	—	—	—	500
Produits des écoles vétérinaires	340,933	337,681	359,620	393,830	415,937	427,961	407,286	388,898	408,920	375,321	357,447	368,059	354,099	351,860
Produits des établissements d'enseignement agricole	450,972	428,328	409,043	415,447	430,089	389,120	303,745	227,227	212,460	208,143	208,508	289,451	212,586	176,022
Produits des bergeries et de la vacherie expérimentale	87,951	83,480	80,057	121,634	104,128	94,785	41,653	46,664	48,437	49,581	50,485	49,890	60,126	59,959
Produits du domaine de Casabianda	50,140	71,338	80,015	96,576	75,071	59,249	85,079	100,123	110,131	89,521	90,179	101,814	83,130	75,236
Produits du concours général agricole de Paris	97,131	75,197	94,400	99,855	11,943	69,153	60,847	93,574	103,700	107,169	105,844	140,330	149,294	118,878
Redevances pour certificats généalogiques d'animaux	185	315	435	880	447	447	60	40	50	45	455	45	370	160
Redevances de visite du bétail à l'importation	236,513	214,453	208,910	183,466	155,196	176,089	195,898	46,680	210,686	145,695	207,057	207,057	209,584	181,099
Droits d'inspection sanitaire des viandes à la frontière	138,225	78,635	127,982	243,576	174,988	71,870	50,729	46,182	31,060	30,207	15,661	60,085	51,708	31,157
Prix de l'apposition de la marque sur le bétail des zones franches	—	—	—	—	—	3,008	645	35,646	11,554	11,689	9,951	7,871	10,437	10,221
Concours des reproducteurs des races chevaline et asine	—	—	—	—	—	—	—	—	—	20,311	21,621	23,207	12,341	11,660
Contrôle des semences fourragères et surveillance du grainage des vers à soie	—	—	—	—	—	—	—	—	—	—	—	—	2,084	9,514
Surveillance des sociétés et d'établissements divers	15,200	16,460	17,700	17,700	17,700	17,700	17,700	18,800	18,800	18,800	18,800	18,800	18,000	21,100
Prélèvement sur les redevances et sur l'avance de la Banque de France	—	—	—	—	—	—	—	1,965,230	5,315,869	5,500,301	3,787,530	6,600,715	8,735,692	9,991,290
Prélèvement du pari mutuel	—	—	—	—	—	—	—	2,275,367	2,272,003	2,382,431	3,101,063	3,712,205	3,168,686	2,948,249
Insignes du mérite agricole	4,635	3,675	3,810	4,635	3,037	5,041	5,945	4,928	1,197	4,804	2,646	1,689	1,831	1,001
Aliénation d'objets mobiliers de l'Administration de l'Agriculture	9,897	2,207	4,067	3,007	1,936	2,204	4,983	2,731	4,492	3,738	942	9,627	7,378	4,938
Armes et engins confisqués pour délits de chasse ou de pêche	35,016	36,740	31,109	32,669	35,883	31,356	34,575	46,671	48,622	49,743	41,972	63,443	57,908	54,695
Total	32,997,497	33,610,046	33,723,005	34,087,750	36,090,894	37,163,348	37,995,994	35,351,996	41,126,161	41,198,892	42,198,087	47,721,429	49,628,631	47,556,865

PRODUCTION DES PRINCIPALES CÉRÉALES PENDANT LES DIX DERNIÈRES ANNÉES DANS LES PAYS ÉTRANGERS.

PAYS.	ANNÉES.	FROMENT. SURFACE CULTIVÉE. (hectares.)	FROMENT. PRODUCTION. (hectolitres.)	SEIGLE. SURFACE CULTIVÉE. (hectares.)	SEIGLE. PRODUCTION. (hectolitres.)	OR GE. SURFACE CULTIVÉE. (hectares.)	OR GE. PRODUCTION. (hectolitres.)	AVOINE. SURFACE CULTIVÉE. (hectares.)	AVOINE. PRODUCTION. (hectolitres.)	MAÏS. SURFACE CULTIVÉE. (hectares.)	MAÏS. PRODUCTION. (hectolitres.)	ANNÉES.	PAYS.
Grande-Bretagne et Irlande.	1902...	716,432	21,182,465	31,565	—	840,459	27,056,417	1,674,779	66,945,489	—	—	1902...	Grande-Bretagne et Irlande.
	1903...	655,121	17,744,164	27,963	—	816,189	23,738,111	1,714,605	62,858,703	—	—	1903...	
	1904...	568,911	13,780,048	26,350	—	808,709	22,695,595	1,752,619	64,232,784	—	—	1904...	
	1905...	742,381	21,924,885	29,272	—	755,917	23,622,293	1,666,418	60,428,478	—	—	1905...	
	1906...	728,108	22,033,287	30,306	—	779,980	24,527,179	1,666,642	63,561,821	—	—	1906...	
	1907...	657,655	20,066,070	24,765	—	692,713	21,943,052	1,263,524	48,848,175	—	—	1907...	
	1908...	673,015	19,602,003	24,597	—	737,194	22,378,754	1,686,866	63,974,533	—	—	1908...	
	1909...	755,430	22,970,418	25,501	—	339,400	25,059,693	1,625,525	64,966,419	—	—	1909...	
	1910...	751,139	20,570,296	23,033	—	767,400	22,915,098	1,656,701	63,896,837	—	—	1910...	
	1911...	789,411	23,376,782	22,413	—	710,521	18,780,775	1,638,975	59,222,093	—	—	1911...	
Danemark	1902...	40,954	1,595,448	272,851	6,617,478	—	8,206,010	427,778	14,385,238	—	—	1902...	Danemark.
	1903...	40,898	1,569,000	273,912	6,793,000	265,700	8,215,000	—	14,471,000	—	—	1903...	
	1904...	40,954	1,515,838	272,851	5,830,722	—	8,002,306	427,778	13,455,400	—	—	1904...	
	1905...	40,843	1,438,677	274,961	6,780,903	265,700	7,450,392	—	11,507,142	—	—	1905...	
	1906...	40,816	1,465,922	275,487	6,632,008	—	7,768,713	—	14,156,694	—	—	1906...	
	1907...	40,512	1,539,808	276,010	5,591,057	—	8,634,553	402,940	15,717,391	—	—	1907...	
	1908...	40,788	1,541,535	276,011	6,755,532	233,713	7,106,362	403,048	14,249,739	—	—	1908...	
	1909...	—	1,349,397	—	6,667,989	—	7,611,326	—	14,860,535	—	—	1909...	
	1910...	40,512	1,602,400	276,009	6,894,476	233,714	7,679,842	402,939	14,305,632	—	—	1910...	
	1911...	40,512	1,573,892	276,009	6,796,279	233,714	7,006,053	402,939	14,514,197	—	—	1911...	
Norvège	1902...	—	93,000	—	274,000	—	755,000	—	2,352,000	—	—	1902...	Norvège.
	1903...	—	108,000	—	302,000	—	1,147,000	—	3,204,000	—	—	1903...	
	1904...	—	75,000	—	253,000	—	880,000	—	2,439,000	—	—	1904...	
	1905...	—	116,000	—	346,000	—	1,221,000	—	3,477,000	—	—	1905...	
	1906...	—	106,844	—	339,483	—	1,149,642	—	3,276,242	—	—	1906...	
	1907...	5,074	102,280	13,079	289,953	39,535	915,274	97,399	3,447,892	—	—	1907...	
	1908...	5,036	116,300	14,997	306,182	35,815	1,067,006	106,967	3,987,274	—	—	1908...	
	1909...	5,021	110,401	15,056	356,412	35,916	915,729	106,279	3,102,575	—	—	1909...	
	1910...	5,021	103,515	15,056	315,734	35,916	1,021,988	106,279	3,695,785	—	—	1910...	
	1911...	5,021	95,471	15,056	334,188	35,916	898,498	106,279	3,082,027	—	—	1911...	
Suède	1902...	78,937	1,638,400	411,643	8,148,800	215,068	4,577,000	823,973	21,623,800	—	—	1902...	Suède.
	1903...	81,882	1,951,600	410,288	8,231,934	214,048	4,782,081	824,084	21,017,314	—	—	1903...	
	1904...	81,150	1,809,558	411,382	7,297,283	212,994	4,740,616	827,953	18,175,812	—	—	1904...	
	1905...	80,900	1,909,800	410,363	8,881,500	208,010	4,778,900	—	21,624,300	—	—	1905...	
	1906...	85,820	1,737,180	410,898	8,834,650	203,496	3,459,080	812,566	11,794,870	—	—	1906...	
	1907 (1).	87,774	1,623,480	407,076	5,372,100	197,077	3,028,560	—	11,122,520	—	—	1907 (1).	
	1908 (1).	91,013	1,873,590	404,502	6,751,880	195,450	3,598,100	808,683	12,616,320	—	—	1908 (1).	
	1909 (1).	95,950	2,136,211	403,611	6,313,562	185,005	3,058,215	797,934	11,328,893	—	—	1909 (1).	
	1910 (1).	97,517	2,070,000	401,539	5,914,000	182,454	3,073,000	791,707	12,187,000	—	—	1910 (1).	
	1911 (1).	101,477	2,236,379	400,140	6,148,653	180,537	3,041,010	789,862	10,676,942	—	—	1911 (1).	

(1) La production est exprimée en quintaux.

PRODUCTION DES PRINCIPALES CÉRÉALES PENDANT LES DIX DERNIÈRES ANNÉES DANS LES PAYS ÉTRANGERS. (Suite.)

PAYS.	ANNÉES.	FROMENT.		SEIGLE.		ORGE.		AVOINE.		MAÏS.		ANNÉES.	PAYS.
		SURFACE cultivée.	PRODUCTION.	SURFACE cultivée.	PRODUCTION.	SURFACE cultivée.	PRODUCTION.	SURFACE cultivée.	PRODUCTION.	SURFACE cultivée.	PRODUCTION.		
		hectares.	hectolitres.	hectares.	hectolitres.	hectares.	hectolitres.	hectares.	hectolitres.	hectares.	hectolitres.		
Russie d'Europe	1902...	18,901,281	200,277,802	26,958,102	302,796,301	8,174,945	107,856,960	15,379,397	263,987,527	1,360,853	16,329,116	1902...	Russie d'Europe.
	1903...	20,614,820	199,591,704	27,185,992	345,549,950	8,673,292	114,566,300	15,523,263	270,941,940	1,349,700	16,853,557	1903...	
	1904...	21,488,844	225,950,297	31,565,460	337,308,355	9,077,876	112,298,725	15,672,476	316,401,581	1,429,400	18,693,453	1904...	
	1905...	22,491,830	200,319,200	26,384,501	243,874,600	9,117,230	105,798,300	15,929,005	252,167,300	1,413,648	11,136,400	1905...	
	1906...	23,147,436	164,052,878	27,202,415	215,371,463	8,954,289	94,028,473	15,819,944	187,479,897	1,298,567	23,620,376	1906...	
	1907...	21,689,975	155,028,049	26,795,281	260,795,425	9,340,042	108,631,094	15,724,900	239,327,990	1,405,884	17,362,675	1907...	
	1908...	22,034,200	171,080,712	25,663,834	242,444,180	10,049,499	113,103,067	15,667,955	241,198,958	1,471,360	20,493,704	1908...	
	1909...	19,090,321	247,145,008	25,996,410	278,443,385	10,570,803	137,667,464	15,636,118	306,799,042	1,533,983	13,318,316	1909...	
	1910...	24,770,866	252,700,437	25,663,216	289,836,393	10,704,385	139,407,807	16,168,209	278,040,896	1,472,367	25,916,209	1910...	
	1911...	25,224,194	156,264,702	26,447,807	246,664,935	10,840,888	122,852,917	16,033,124	224,261,180	1,595,436	27,462,809	1911...	
Belgique	1902 (1).	165,227	3,951,990	265,041	5,683,205	38,024	1,083,068	261,507	7,017,254	—	—	1902 (1).	Belgique.
	1903 (1).	143,830	3,361,067	253,642	5,526,340	32,271	854,071	285,614	5,443,038	—	—	1903 (1).	
	1904 (1).	159,118	3,760,332	258,711	5,585,649	39,967	1,089,340	248,199	4,903,985	—	—	1904 (1).	
	1905 (1).	162,892	3,374,980	266,982	5,422,904	38,184	983,737	237,337	6,564,840	—	—	1905 (1).	
	1906 (1).	150,073	3,528,088	252,909	5,224,696	36,126	946,851	261,224	6,697,793	—	—	1906 (1).	
	1907 (1).	158,845	4,309,500	259,723	5,965,333	37,522	1,116,680	248,423	6,936,214	—	—	1907 (1).	
	1908 (1).	152,803	3,644,904	258,135	5,638,947	35,578	959,922	254,978	6,249,976	—	—	1908 (1).	
	1909 (1).	157,865	3,974,430	257,542	6,881,388	35,404	989,909	250,226	6,274,998	—	—	1909 (1).	
	1910 (1).	154,000	3,388,000	255,000	5,610,000	32,000	816,000	250,000	5,875,000	—	—	1910 (1).	
	1911 (1).	161,305	4,285,238	262,163	6,187,858	33,730	967,732	258,539	6,277,629	—	—	1911 (1).	
Hollande	1902...	61,655	1,798,857	218,241	4,923,223	36,490	1,639,343	144,497	6,780,358	—	—	1902...	Hollande.
	1903...	55,518	1,500,388	218,126	4,924,163	31,933	1,347,195	144,762	7,087,270	—	—	1903...	
	1904...	54,081	1,558,538	216,092	4,763,378	30,884	1,270,786	131,834	6,551,761	—	—	1904...	
	1905...	60,972	1,789,621	219,303	4,842,619	33,097	1,414,044	139,131	5,654,326	—	—	1905...	
	1906...	56,796	1,741,680	218,220	4,911,579	28,666	1,148,867	139,290	6,629,248	—	—	1906...	
	1907...	54,411	1,876,461	220,392	5,103,704	30,942	1,441,747	139,827	7,375,727	—	—	1907...	
	1908...	56,269	1,804,461	222,101	5,591,239	30,178	1,392,860	139,827	6,936,214	—	—	1908...	
	1909...	51,268	1,465,277	223,973	6,220,704	28,412	1,174,245	141,537	6,822,689	—	—	1909...	
	1910...	54,748	1,564,859	222,018	5,411,685	28,092	1,093,836	141,006	6,356,912	—	—	1910...	
	1911...	57,539	1,942,085	2,253,364	5,677,181	22,306	1,003,889	138,186	6,245,839	—	—	1911...	
Allemagne	1902...	1,912,215	39,003,960	6,154,545	94,941,500	1,644,025	31,002,270	4,156,290	74,672,500	—	—	1902...	Allemagne.
	1903...	1,807,475	35,550,640	6,012,817	99,044,930	1,700,493	33,236,390	4,290,398	78,733,850	—	—	1903...	
	1904...	1,917,513	38,048,280	6,099,270	100,607,520	1,627,078	29,481,840	4,189,681	69,360,030	—	—	1904...	
	1905...	1,927,127	36,998,820	6,145,583	96,068,270	1,633,230	29,219,530	4,182,054	65,465,020	—	—	1905...	
	1906 (1).	1,935,993	39,395,630	6,101,569	96,257,380	1,644,519	31,113,090	4,221,533	84,313,790	—	—	1906...	
	1907 (1).	1,746,787	34,793,240	6,042,580	97,578,590	1,701,707	34,977,450	4,377,115	91,491,380	—	—	1907 (1).	
	1908 (1).	1,884,600	37,677,670	6,119,933	107,368,740	1,628,967	30,598,850	4,275,305	76,948,330	—	—	1908 (1).	
	1909 (1).	1,831,383	37,557,470	6,130,732	113,484,150	1,646,354	34,956,160	4,309,967	91,258,160	—	—	1909 (1).	
	1910 (1).	1,942,916	38,614,790	6,186,775	105,111,600	1,570,435	29,049,380	4,289,387	79,003,760	5,977	—	1910...	
	1911 (1).	1,974,197	40,663,350	6,135,617	108,661,160	1,585,049	31,599,150	4,327,701	77,041,010	5,977	—	1911 (1).	

(1) La production est exprimée en quintaux.

PRODUCTION DES PRINCIPALES CÉRÉALES PENDANT LES DIX DERNIÈRES ANNÉES DANS LES PAYS ÉTRANGERS. (Suite.)

PAYS.	ANNÉES.	FROMENT. SURFACE CULTIVÉE. (hectares)	FROMENT. PRODUCTION. (hectolitres)	SEIGLE. SURFACE CULTIVÉE. (hectares)	SEIGLE. PRODUCTION. (hectolitres)	ORGE. SURFACE CULTIVÉE. (hectares)	ORGE. PRODUCTION. (hectolitres)	AVOINE. SURFACE CULTIVÉE. (hectares)	AVOINE. PRODUCTION. (hectolitres)	MAÏS. SURFACE CULTIVÉE. (hectares)	MAÏS. PRODUCTION. (hectolitres)	ANNÉES.	PAYS.
Autriche.	1902	1,057,909	17,657,643	1,832,147	29,684,342	1,216,077	24,540,618	1,832,407	58,992,628	331,503	4,695,020	1902	Autriche.
	1903	1,052,433	16,421,217	1,807,168	29,319,681	1,204,983	24,490,573	1,833,441	39,568,576	333,554	5,498,330	1903	
	1904	1,114,879	18,843,083	1,926,401	32,891,086	1,184,258	21,748,581	1,821,697	33,771,084	338,415	4,359,192	1904	
	1905	1,130,756	14,854,538	1,958,643	24,940,393	1,188,137	15,342,879	1,807,971	17,981,070	348,472	4,392,516	1905	
	1906	1,164,063	15,874,074	2,020,516	25,209,559	1,177,296	16,552,389	1,833,665	22,433,094	342,961	4,617,186	1906	
	1907 [1]	1,182,097	14,280,371	1,853,577	21,959,777	1,166,526	17,103,296	1,935,716	24,763,320	348,344	4,216,259	1907 [1]	
	1908 [1]	1,200,255	16,928,820	2,079,731	28,781,765	1,115,810	15,131,187	1,819,311	20,911,600	341,997	3,853,212	1908 [1]	
	1909 [1]	1,194,136	15,937,363	2,077,961	29,067,527	1,131,315	17,280,527	1,851,224	24,957,021	336,390	4,090,037	1909 [1]	
	1910 [1]	1,219,024	15,708,808	2,060,980	27,671,921	1,101,525	14,722,147	1,833,018	20,631,564	311,773	4,416,782	1910 [1]	
	1911 [1]	1,221,153	16,074,711	2,021,345	26,446,569	1,096,677	16,201,813	1,878,058	22,700,639	302,813	2,041,344	1911 [1]	
Hongrie (y compris la Croatie-Slavonie).	1902 [1]	3,622,094	49,777,571	1,134,589	13,337,360	1,090,894	14,284,577	1,084,311	12,934,021	2,544,599	30,430,947	1902 [1]	Hongrie (y compris la Croatie-Slavonie).
	1903 [1]	3,734,076	48,068,749	1,133,833	12,888,710	1,111,618	14,895,932	1,123,597	13,740,381	2,662,432	40,521,828	1903 [1]	
	1904 [1]	3,695,360	39,984,951	1,117,102	11,663,819	1,090,161	11,365,234	1,094,139	9,823,997	2,358,762	17,974,937	1904 [1]	
	1905 [1]	3,722,210	46,427,372	1,129,442	13,483,257	1,101,721	14,221,130	1,116,665	12,204,798	2,523,897	28,558,680	1905 [1]	
	1906 [1]	3,849,964	56,543,062	1,132,431	13,686,271	1,119,129	15,786,070	1,137,750	13,538,589	2,716,931	46,584,504	1906 [1]	
	1907 [1]	3,552,078	35,564,927	1,065,300	10,562,216	1,167,958	14,183,086	1,174,307	12,143,033	2,840,780	44,084,485	1907 [1]	
	1908 [1]	3,834,181	45,021,468	1,112,992	12,117,831	1,136,155	12,818,787	1,157,214	10,802,272	2,766,217	42,267,927	1908 [1]	
	1909 [1]	3,560,978	34,023,562	1,075,627	12,002,267	1,220,015	15,158,649	1,190,168	14,206,777	2,858,228	46,640,225	1909 [1]	
	1910 [1]	3,793,999	49,297,262	1,137,576	13,155,227	1,163,090	12,134,360	1,165,995	10,845,119	2,830,398	54,229,398	1910 [1]	
	1911 [1]	3,707,784	51,730,917	2,105,995	12,782,743	1,171,271	16,598,612	1,173,351	13,819,879	2,878,832	41,004,895	1911 [1]	
Roumanie.	1902	1,486,485	26,859,886	172,816	2,452,150	507,777	8,694,027	321,137	7,719,352	2,181,855	24,120,653	1902	Roumanie.
	1903	1,605,657	25,971,615	158,019	2,517,798	530,895	10,471,888	426,728	11,067,155	2,072,075	28,287,760	1903	
	1904	1,720,390	18,937,153	133,660	775,581	532,552	4,076,270	427,701	4,442,967	2,090,149	6,906,290	1904	
	1905	1,958,250	36,412,747	161,199	2,587,854	528,758	9,297,222	372,730	6,686,298	1,975,761	20,888,245	1905	
	1906	2,022,843	40,126,507	183,929	3,136,484	558,700	11,819,533	381,914	9,220,485	2,081,906	46,004,196	1906	
	1907	1,714,317	14,884,307	146,659	899,947	509,693	7,069,858	352,468	6,287,334	1,928,392	20,289,516	1907	
	1908	1,801,685	19,316,118	147,052	930,421	620,190	4,536,399	490,338	6,065,427	2,020,315	27,801,220	1908	
	1909	1,689,044	19,998,879	136,564	1,089,023	549,186	7,032,188	484,504	9,143,037	2,123,473	24,716,481	1909	
	1910	1,948,217	39,031,793	173,861	2,778,582	549,391	10,345,932	446,760	10,447,623	1,986,259	36,591,426	1910	
	1911	1,930,164	33,028,095	131,796	1,758,236	507,201	9,217,727	401,415	9,240,629	2,085,251	39,014,814	1911	
Espagne.	1902 [1]	3,692,924	37,259,456	784,249	6,651,915	1,456,853	17,696,536	449,939	3,389,096	462,118	6,419,422	1902 [1]	Espagne.
	1903 [1]	3,635,306	36,339,015	781,364	5,718,165	1,432,520	14,012,478	451,608	3,329,953	372,719	4,764,900	1903 [1]	
	1904 [1]	3,651,507	35,102,434	764,815	4,388,283	1,381,580	11,723,219	446,517	2,679,966	434,060	5,399,014	1904 [1]	
	1905 [1]	3,591,014	25,957,347	749,913	6,729,580	1,349,245	9,993,940	452,717	3,228,513	464,658	8,095,189	1905 [1]	
	1906 [1]	3,762,898	25,167,231	886,546	7,853,507	1,465,019	19,652,732	482,453	4,075,435	446,357	4,753,525	1906 [1]	
	1907 [1]	3,697,925	38,280,377	901,689	6,865,271	1,441,145	11,669,584	480,145	2,467,279	448,993	6,444,692	1907 [1]	
	1908 [1]	3,756,721	27,305,739	909,239	6,708,851	1,402,936	15,152,660	489,924	4,080,799	458,631	5,109,454	1908 [1]	
	1909 [1]	3,782,695	32,650,384	833,104	8,865,364	1,408,307	17,761,774	496,636	4,979,596	465,045	6,714,366	1909 [1]	
	1910 [1]	3,809,464	37,407,517	821,418	7,009,811	1,348,912	16,614,343	508,232	4,212,031	453,924	6,951,323	1910 [1]	
	1911 [1]	3,927,892	40,414,186	804,299	7,340,311	1,443,689	18,896,974	513,305	4,914,592	463,402	7,297,780	1911 [1]	

(1) La production est exprimée en quintaux.

PRODUCTION DES PRINCIPALES CÉRÉALES PENDANT LES DIX DERNIÈRES ANNÉES DANS LES PAYS ÉTRANGERS. (Suite.)

PAYS.	ANNÉES.	FROMENT.		SEIGLE.		ORGE.		AVOINE.		MAÏS.		ANNÉES.	PAYS.
		SURFACE cultivée.	PRODUCTION.	SURFACE cultivée.	PRODUCTION.	SURFACE cultivée.	PRODUCTION.	SURFACE cultivée.	PRODUCTION.	SURFACE cultivée.	PRODUCTION.		
		hectares.	hectolitres.	hectares.	hectolitres.	hectares.	hectolitres.	hectares.	hectolitres.	hectares.	hectolitres.		
Italie.........	1902...	4,750,000	48,000,000	—	—	—	—	—	—	1,700,000	25,030,000	1902...	Italie.
	1903...	5,154,000	65,000,000	—	—	—	—	—	—	1,688,000	31,360,000	1903...	
	1904...	5,397,000	59,074,000	—	—	—	—	—	—	1,941,200	31,908,000	1904...	
	1905...	5,315,000	56,561,000	—	—	—	—	—	—	1,960,000	34,673,000	1905...	
	1906...	5,136,000	62,185,000	—	—	—	—	—	—	1,817,400	32,775,000	1906...	
	1907...	5,230,000	62,566,000	—	—	—	—	—	—	1,814,500	31,192,000	1907...	
	1908...	5,108,000	53,648,000	—	—	—	—	—	—	1,800,000	33,814,000	1908...	
	1909 [1].	4,758,600	41,750,000	121,730	1,381,500	247,560	2,064,600	503,900	4,147,600	1,620,820	25,829,800	1909 [1].	
	1910 [1].	4,758,600	41,732,000	121,730	1,381,500	247,560	2,064,600	503,300	342,600	1,620,820	25,838,800	1910...	
	1911 [1].	4,751,600	52,362,000	122,290	1,345,600	247,600	2,369,400	—	—	1,615,500	23,755,000	1911 [1].	
États-Unis.:	1902...	18,693,500	243,547,801	800,520	12,223,711	1,885,866	49,051,738	11,593,062	359,051,190	38,050,045	917,270,451	1902...	États-Unis.
	1903...	20,013,525	224,768,414	771,529	10,347,667	2,020,223	46,467,954	11,182,385	276,314,795	35,642,020	790,847,950	1903...	
	1904...	17,832,694	194,665,589	725,315	9,599,909	2,082,022	49,247,532	11,265,143	315,255,472	37,316,897	869,540,280	1904...	
	1905...	19,361,760	244,205,968	700,022	10,038,449	2,061,650	48,155,819	11,347,713	335,913,388	37,036,999	954,296,923	1905...	
	1906...	19,139,938	259,105,965	809,970	11,761,291	2,558,592	63,050,169	12,525,917	340,032,353	39,140,025	1,031,621,430	1906...	
	1907...	18,292,370	223,452,258	779,259	11,123,858	2,608,860	54,127,582	12,881,250	265,865,713	40,432,082	913,533,568	1907...	
	1908...	19,241,562	234,205,744	788,160	11,224,292	2,688,971	58,764,814	13,086,382	284,441,774	41,183,424	940,432,612	1908...	
	1909...	18,904,125	259,785,403	811,627	11,361,023	2,836,650	60,008,081	13,434,338	354,991,197	44,008,746	976,985,302	1909...	
	1910...	19,908,343	245,070,589	820,528	11,642,943	2,936,182	57,168,794	14,277,524	397,071,986	46,125,209	1,101,501,261	1910...	
	1911...	20,045,098	218,959,511	860,584	11,671,135	3,085,884	56,468,576	15,278,909	325,017,815	—	—	1911...	

(1) La production est exprimée en quintaux.

TABLE DES MATIÈRES.